ビジュアル図解

東京「風景印」散歩365日

郵便局でめぐる東京の四季と雑学

古沢 保

同文舘出版

風景印に
刻まれた
東京

花の便り

4月：千鳥が淵の桜（P24）

4月：都市農業公園の
チューリップ（P32）

4月：浮間公園の桜草（P32）

6月：白山神社の
紫陽花（P58）

4月：亀戸天神の藤
（P34）

6月：水元公園の花菖蒲（P62）

7月：入谷の朝顔
（P70）

8月：浄真寺のさぎ草
（P82）

11月：善福寺の逆さ銀杏
（P132）

2月：湯島天神の梅
（P160）

風景印に刻まれた東京

祭りの報せ

4月：
浅草寺白鷺の舞
（P30）

8月：阿佐谷七夕まつり（P84）

4月：浅草流鏑馬（P30）

8月：下北沢阿波踊り
（P88）

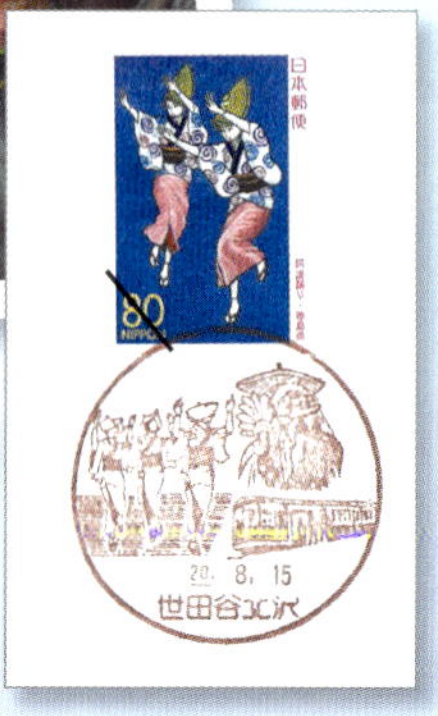

8月：板橋花火大会
（P80）

10月：木場の角乗り（P122）

9月：千住祭（P98）

10月：深川の力持ち
（P122）

2月：徳丸北野神社田遊び（P156）

3月：浅草寺金龍の舞
（P164）

風景印に刻まれた東京 人の記憶

日本近代郵便の父・前島密（P32）

名優・渥美清（P148）

俳聖・松尾芭蕉（P46）

文豪・夏目漱石（P140）

近代女流作家・樋口一葉（P134）

風景印に刻まれた東京 歴史を伝える

東山貝塚遺跡（P64）

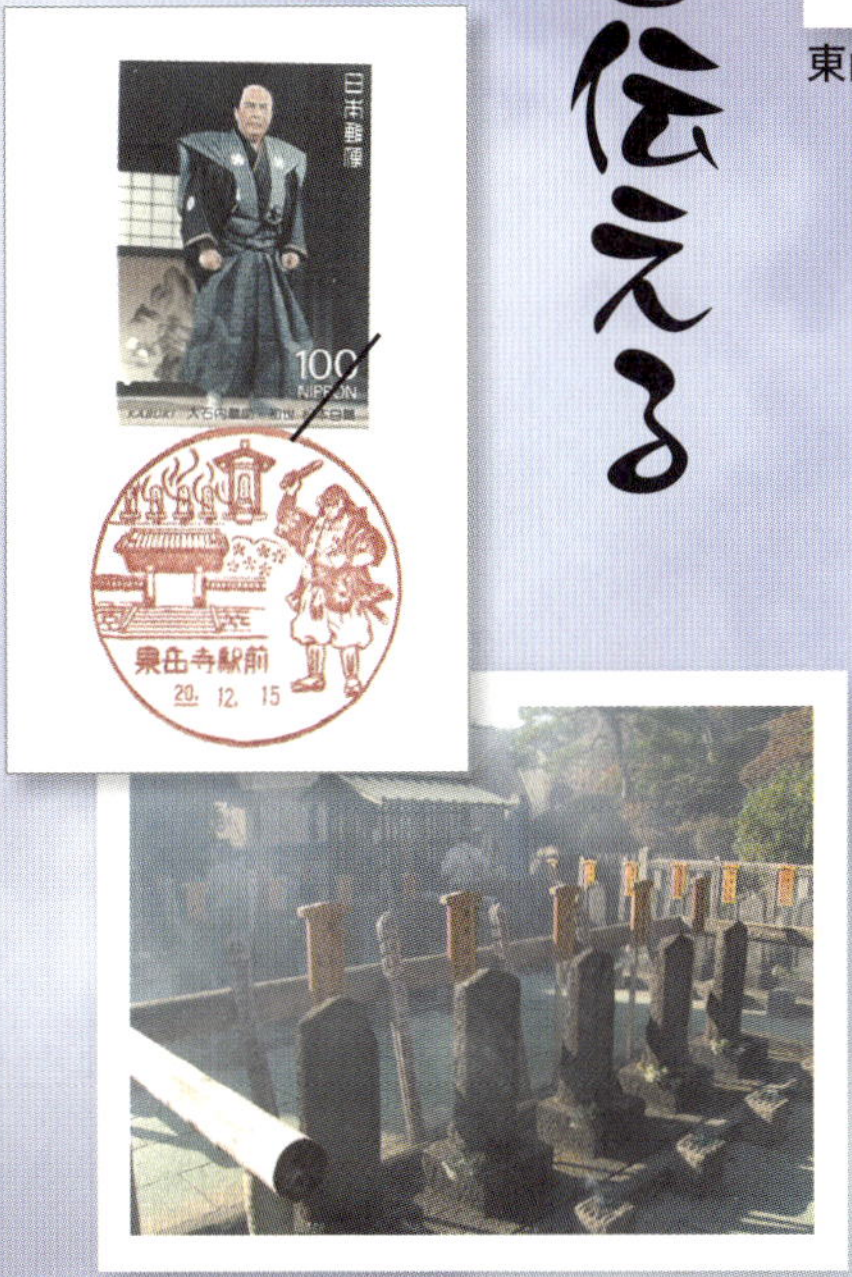

赤穂義士の墓（P140）

八百屋お七の碑（P134）

両国国技館の太鼓櫓（P150）

歌舞伎座（P164）

風景印に
刻まれた
東京

色が灯る瞬間スタンプに

岩淵の赤門と青門（P94）

極彩色の鳳凰（P62）

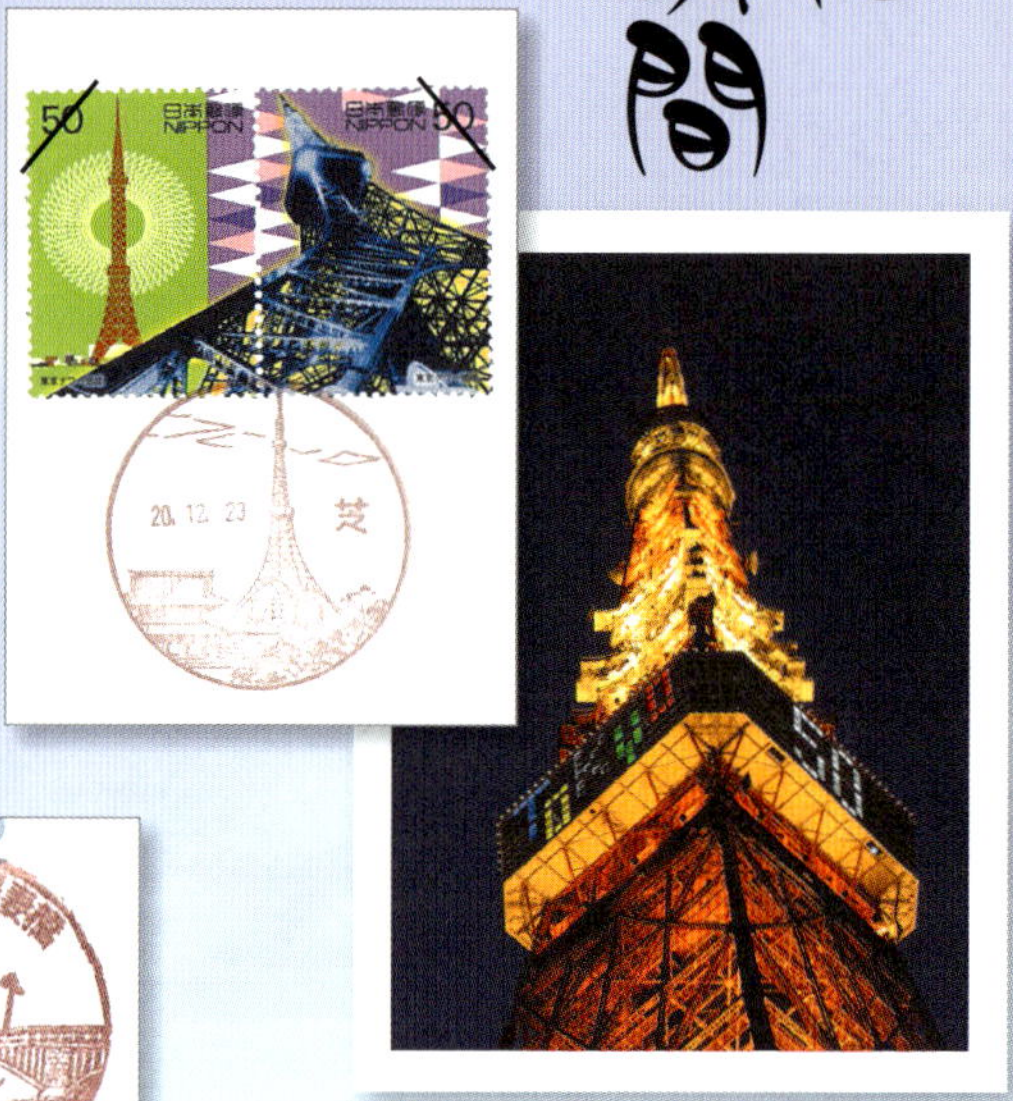

東京タワー 50 周年ライトアップ
（P142）

真っ赤な吾妻橋（P98）

イルカの黒が飛ぶ
（P90）

寺の境内に緑の大砲（P60）

はじめに

小生、しがない中年のフリーライターです。東京生まれの東京育ち、生まれて38年間、東京以外で暮らしたことがありません。「東京大好き」を公言してはばかりませんが、ふと考えてみると、言うほど東京を知らないことに気づかされます。千鳥が淵の桜がきれいだという知識はあっても、見たことがない。浅草には何十回も出かけているくせに、三社祭は見たことがない。私の中で、どうにも東京を捕まえきれていないもどかしさが年々膨らんでいました。

一方で私は、子供の頃から「風景印」というスタンプを集めていました。これは各土地の風物を描いた美しい消印で、街角の郵便局で手に入ります。ただコレクター心理とはおかしなもので、手に入れた時点で満足してしまい、その図案をじっくり眺めて楽しむことは皆無でした。でもよくよく見れば、そこには千鳥が淵の桜や三社祭といった有名どころはもちろん、もっとマイナーな東京の中の風物も全部入っているではないですか！　この風景印をガイド役に、東京を隅から隅まで見て歩きたい。その思いがこの企画「風景印散歩」の発端でした。

ここでご存じない方のために、風景印の基礎情報を。その歴史は古く、１９３１（昭和６）年に第1号が誕生。当初は観光地の郵便局を中心に設置されましたが、年々その数を増し、２００９（平成21）年現在は全国に約2万4千ある郵便局のうち、半数近い1万1千以上の局で使用しています。東京23区では約１１００局中３７５局（09年8月時点では1局減って３７４局）で使用中。なので案外、あなたが普段利用している最寄の郵便局にも風景印はあるかもしれません（使用局を知るには、東京23区なら本書巻末をご覧ください。他地域は日本郵趣出版から刊行されている『風景スタンプ集』、鳴美から刊行されている『風景印２００８』が便利です）。

風景印は消印の一種なので、手紙や葉書に押して出せる他、葉書や50円以上の切手（現行の葉書料金以上）を貼った台紙やスタンプ帳に押して、記念に持ち帰ることもできます。郵便窓口で「風景印を押してください」と頼めば、局員さんが気軽に押印してくれます。

今回「風景印散歩」を行なうに当たり、自分なりにいくつかのルールをつくりました。

①郵便局をまわるだけでなく、図案の題材もしっかり見物すること。

本当を言えば風景印の集め方には、台紙と返送用封筒を郵便局に送り、押して返してもらう「郵頼《ゆうらい》」という方法もあり、これなら家に居ながらにして全国の局を手軽に集めることができます。でも本書では、自分の目で題材を見ることを第一義としました。

②極力、図案に合った日付で集印すること。

これは桜の図案なら3月末から4月初め、祭りの図案なら開催日、著名人の図案なら生誕日や命日などということです。いずれにしろ花や祭りを見物するには、その日その時期に行かなくては見られないので、①と不可分のルールでした（ただし祭りは土日開催も多く、その場合は近い平日に集印し、祭りは別途見学する）。

③台紙は市販の名刺サイズのカードを使い、なるべく図案に合った切手を使うこと。

見た目の美しさを考え、切手とのマッチングにも気を遣いました。60〜70年代、日本が切手ブームに包まれていた頃の懐かしい記念切手も蔵出しで使っているので中高年の読者には懐かしんでいただけると思います。

④東京23区内375局を1年間で完集すること。

まず日付や季節が限定される局をカレンダーに書き込み、特に季節感のない図案の局はその合間をぬってまわることにしました。1年52週だから、週に7〜8局を目安にまわっていけば何とかなるだろう、仕事や他の用事が立て込んでいる時は無理をせず……という、極めてゆる〜い展望で歩き始めました。

そうして1年間歩き続けた結果、再認識できたのは、風景印の題材が実に多岐に渡り、面白さと発見に満ちているということです。「勝鬨橋の橋脚の中」「樋口一葉が通った質屋」「日本銀行の地下金庫」……貴重な場所もたくさん見学させてもらいました。375局も使用していると、さすがに地元住民にしかわからないマイナーな題材や、押している局員さん自身も知らないような題材もあって、見つけるのに苦労したことも度々。「板橋区の閑静な寺に巨大な大砲の碑が!?」「練馬区に水没してしまうテニスコートがある?」なんて、ほとんどVOW（街の不思議）的な発見も数え上げればキリがなく、そうした一つひとつが、私の東京観に新たな認識をもたらしてくれました。私はよく「風景印散歩は夏休みの自由研究に最適」とアピールするのですが、子供だけに任せておくのはもったいない！　まさに「大人の社会科見学」をしどおしの一年間でした。

季節の移り変わりも、例年よりリアルに感じることができました。よく「東京には季節感がない」と言われますがそんなことはなくて、春には春の、夏には夏の東京の楽しみがあり、東京にいながらにしても十分四季を味わえる。これも風景印に教えてもらったことです。

風景印を押すのに必要な金額は切手1枚たったの50円。でもそこには、驚くほど奥深く、豊かな世界があったのです。不況で遊興費がカットされたお父さん、お母さんもこれなら大丈夫。さらに付け加えると、郵便局をめぐるうちに自然とウォーキングになるので、メタボを解消したい人にもおすすめです。そして散歩をした後には、たくさんの知識と思い出と、美しい風景印が手元に残っているというわけです。

それではこれから、東京をめぐる1年間の旅に出かけましょう。東京という街の魅力や、風景印の面白さを存分に感じていただけることを祈りつつ……。

＊本書の記載に関して

・風景印の図版は、基本的には筆者が現地を訪れ、集印した当日の印影を掲載しています。ただし一部、スタンプが古くなっていたり、きれいに押せなかったものは後日再集印した印影を掲載している局もあります。

・日本郵政は２００７（平成19）年10月の民営化により、郵便関連が①郵便局株式会社（＝局会社・主に窓口業務）と②郵便事業株式会社（＝事業会社・主に集配業務）に分かれました。集配を担当する局では①と②が併設され、①は通常の窓口で、②は時間外窓口である「ゆうゆう窓口」でそれぞれ風景印が押せます（Ｐ92）。新宿郵便局であれば、①は「新宿局」、②は「新宿支店」と呼ぶのが正式ですが、本書では便宜的に「局」表示で記載しています。ただし東京国際支店と新東京支店、銀座支店に関しては事業会社しか存在しないので「支店」表示をしています。また民営化で特定局という名称は廃止されましたが、窓口業務のみを行なう小規模の郵便局を慣例的に特定局と表記する場合があります。

・博物館や公園施設のデータは、スペースの都合により本書独自のルールで記載しています。施設によって入場が閉場の30分前までのところも多いのでご注意ください。多くの施設は年末年始も休場で、定休日が祝日の場合は翌日を休みにするなどの特例を設けていますが、本書では割愛しているのでご了承ください。入場料は大人料金のみを示していますが、子供は別料金の施設がほとんどです。これらの詳細は各施設のホームページなどでご確認ください。

・史跡や施設の情報は、基本的には現地に建てられていた案内板やパンフレット、ホームページなどの公式情報を参考にしているため、出典は省略しています。

・各種データは09年8月末現在のものです。

目次

秋

新旧文化が層を成す東京

冬

東京で和を意識する

コラム

コラム

カバーデザイン◎新田由起子
本文ＤＴＰ◎ムーブ（徳永裕美）

春

東京は文字通り花の都だった

4月

名所23連発、今年の桜に悔いはなし

5月

近藤が逝き、芭蕉は旅立つ

4月◉名所23連発、今年の桜に悔いはなし

◉2008年3月25日（火）目黒の桜めぐり4局

いよいよ1年かけた「東京風景印散歩」が始まります。その第一歩は「桜」の風景印めぐり。東京中の桜を見て、見まくりたいと思います。

9：45、記念すべき1局目は目黒区立会川緑道の桜並木を描いた❶目黒原町局です。男性局長さん自ら上手に押印してくれ、幸先のいいスタート。立会川緑道は、昔は立会川という蛍も飛び交う清流でしたが、周囲の宅地化に伴い64（昭和39）年に暗渠化し、後に緑道になったとか。全長約1㎞、風景印を片手に端から端まで歩いてみて、たぶん図案にしたと思われる場所も発見しました（次ページの写真）。風景印のデザイナーさんも、きっとここでスケッチをしたんじゃないかなあ……と、そんな想像をするのも風景印散歩の楽しみのひとつです。

10：50、円融寺釈迦堂を描いた❷目黒碑文谷《ひもんや》二局。スタンプのような桜に囲まれたお堂を期待していたのですが、この寺の桜の見所は参道。恐らく参道の桜のイメージとお堂とを融合してデザインしたのでしょう。こうした実際の風景も、現地を訪れないと中々わからないものです。

11：25、❸目黒八雲二局はスタンプの枠もかわいらしい桜型。図案の校舎は「く」の字型が特徴的な八雲学園。

12：25、❹目黒大橋局。桜の名所としてすっかり有名になった目黒川は、約4㎞の川沿いに800本が咲き誇ります。今年は例年より早く3月23日に開花宣言が出てしまったので慌てて出かけましたが、今日のところまだ二～五分咲き。開花宣言から満開までは1週間程度かかるものなのだと、今さらながらに学習した37歳の春でした。

◉3月26日（水）昔の桜、新しい桜5局

9：45、東京桜紀行の2日目は、寅さんの故郷・柴又に近い❺葛飾新宿局から。今現在、柴又の土手の桜は数えられるくらいですが、昭和30年代までは並木があり、最盛期には150万人の花見客で賑わったといいます。当局の風景印は歴史が古く、51（昭和26）年使用開始なので、当時はまだ江戸川堤に桜並木があったのでしょう。ちなみに『男はつらいよ』の第1作公開は69（昭和44）年で、その寅さんも亡くなってすでに10年以上経ちます。その全歴史よりも長く、半世紀以上に渡って柴又の風景を見守り続けているなんて、中々すごい風景印ですよね。

❷ 目黒碑文谷二局

❶ 目黒原町局

使用開始
年月日
（西暦）

円融寺釈迦堂と桜（P184）
円融寺釈迦堂は室町初期建造で、都内最古の木造建築。そんな由緒ある寺なのに、あまり知られていないのが残念。

図案 立会川緑道と桜（地図 P184）
左の校舎らしき建物（向原小学校）の植込みが目印。

❺ 葛飾新宿局

❹ 目黒大橋局

❸ 目黒八雲二局

柴又帝釈天と江戸川堤の桜、取水塔（P196）
今は柴又スーパー堤防に数本の桜が並ぶのみ。取水塔は41（昭和16）年より金町浄水場に水を送り続けています。

目黒川と桜、鴨（P185）
目黒区にこんなに桜の風景印があるとは意外でしたが、改めて地図を見ると緑道や公園が多い。23区の中でも緑化行政が上手な区なのかも。

八雲学園と桜（P184）
学校には付きものの桜ですが、東京では例年春休み中に咲いてしまうので、見られるのは部活で通う生徒だけ……。

昨日のように1区に固まっているわけではなく、電車であちこち移動しての集印なので慌しいです。10：40、❻綾瀬駅前局は東京武道館と桜の組合せ。風景印を見て変わった形の建物だと思っていたら、やっぱり菱形を無数に組み合わせた不思議な外観でした。89（平成元）年築で日本武道館と違い剣道や長刀などの試合専用です。

12：20、❼足立六町《ろくちょう》局。風景印使用開始時の報道では「六町の桜」と書かれていたのですが、ネット検索しても見当たらず、そんな固有名詞になるほどの桜なのか？ と思いつつ、綾瀬川沿いからふと脇道をのぞきこむと、桜のアーチを発見。これか「六町の桜」は！ 普通の新興住宅街の、知る人ぞ知る名所を風景印の題材にしているところが地域密着型の郵便局らしいです。

13：20、桜の名所、隅田川へ。でも❽東向島一局の風景印に桜は描かれていません。ではなぜ「桜めぐり」の行程に組み込んだのかというと、この橋の名前が「桜橋」だからなのです。全国的にも極めて珍しいX型橋梁で、開通した85（昭和60）年当時、墨田区に住む中学生だった私は生徒全員で橋の名前に応募したんです。友人は見事「桜橋」と書いて当選、同名多数でしたが記念品をもらっていました。片や私が応募した名前は、どう考えてもダサい「出会い橋」。そんな赤面の思い出も重なる桜なのです。

そして、桜の葉が香る桜餅の店「長命寺桜もち」は桜橋の墨田区側の袂にあります。創業は１７１７年、長命寺の寺男だった山本新六さんが桜の落ち葉を何かに利用できないかと考えたことに遡るそう（現在使っているのは伊豆松崎のオオシマザクラの葉）。花見の季節は売行きもすごく「本日は予約一杯で店内（での飲食）はなし」との張り紙が出ているほど。６個入り１２００円の箱を土産に購入しました。

16：00、東京で最も新しい桜の名所のひとつ、❾東京ミッドタウン局。開業から1年でまだ若い並木ですが、10年もすれば昔からあったように見えるのでしょうか？ この日はまだ花が少なかったので09年春に再撮影しました。

◉3月27日（木） 東京西部桜めぐり3局

11：00、❿練馬氷川台局に描かれた石神井川の桜は初めて見ましたが、枝ぶりが大きくてボリュームもあって見事。桜紀行3日目にしてようやく満足の行く桜を見たような気がします。豊島園から氷川台までの約２㎞、図案通り片岸にだけ並木があって、しばらく行くと今度は反対岸にだけ並木が続きます。つまりずっと同じ岸を歩いていても、頭上の桜と対岸の桜を交互に楽しめる訳です（もっと上流だと、同じ石神井川でも両岸に並木があります）。34（昭和9）年の平成天皇生誕を記念して地元有志が植えましたが、度重なる石神井川の氾濫で枯れてしまい、昭和30年代に再植樹された桜もあるそうです。

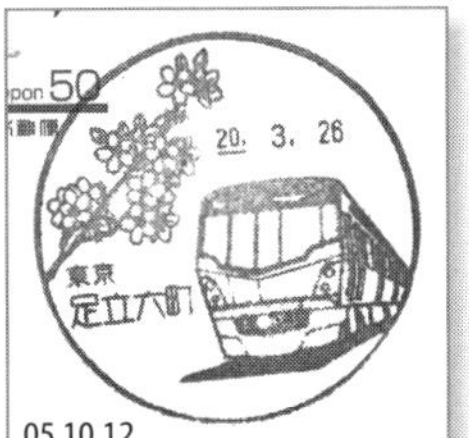

05.10.12

❼ 足立六町局

六町の桜とつくばエクスプレス（P195）
女性局員さんに聞くと「私がこの局で働き始めて10年になりますけど、その頃にはもうあの桜はありました」とのこと。

90.4.20

❻ 綾瀬駅前局

東京武道館と桜（P195）
武道館脇にも桜並木があるが、隣接する東綾瀬公園の方が桜の名所。図案はそちらをイメージしたのかも。

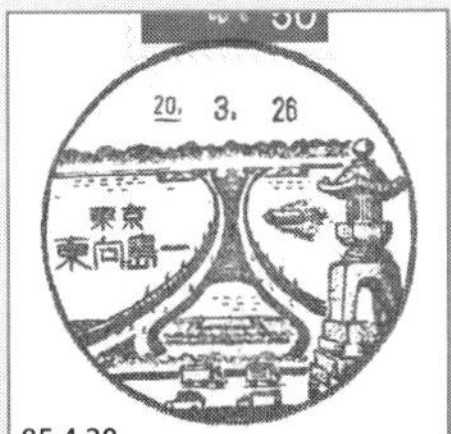

85.4.20

❽ 東向島一局

桜橋と墨堤常夜灯（P182）

墨堤の桜は八代将軍吉宗が植えさせたのが始まりで、江戸市中でも古い名所のひとつ。

明治初期、牛嶋神社への案内灯や花見の目印として愛された石灯籠。神社は震災で南方に移動したが、灯篭は河岸に残っています。

長命寺桜もちは9:00～18:00、月休。店内で食べると桜餅1個にお茶がついて250円。

❿ 練馬氷川台局

02.12.2

石神井川の桜と氷川神社鶴の舞（P194）
氷川神社鶴の舞は3年に一度4月に公開する伝統行事で、09年が当該年でした。石神井川の川べりで雌雄の鶴に扮した2人が舞を奉納。かつてこの場所に2羽の鶴が舞い降りた年は豊作だったことが行事の由来だとか。舞い手は68歳の男性同級生コンビ。「3年に一度みんなの前で舞う時は緊張するよ」と笑っていました。

❾ 東京ミッドタウン局

東京ミッドタウンと桜（P176）

07.7.6

石神井川の次は神田川の桜。11：50、⓫文京水道局。80年代の河岸整備で植えられたわりと新しい桜です。ちょうど昼時だったため、昼食に出て来た会社員やＯＬたちが大勢、携帯電話を桜に向けていました。

12：45、中野に移動して⓬中野サンクォーレ内局。中野通りの桜は60（昭和35）年の区画整理で植樹され、中野駅から哲学堂公園まで２㎞に渡り約２５０本。ぶらぶら歩いて最後に公園で休めて、花見散歩にはもってこいです。私はこの辺に住んでいた98（平成10）年頃に夜中の中野通りで桜見物をしましたが、窓から桜が見える通り沿いのマンションにいつか住んでみたいなあと憧れたものです。

◉3月28日（金）小石川の桜1局

本日は仕事前に1局だけ、13：30、⓭小石川局。こうして合間をぬって行かないと桜の季節が終わってしまうので。小石川植物園は１６８４年に徳川綱吉御殿の跡地に幕府がつくった小石川御薬園が前身で、１８７７（明治10）年に東京大学付属植物園になりました。学術的な場所なので桜も様々な品種が植えられているのが特色。例えば次ページの写真は「伊豆吉野」で、染井吉野よりも白くて花弁が大きいなど、私のような素人でも違いがわかります。唯一有料で見物する桜ですが、その価値は十分あります。

◉3月31日（月）染井吉野発祥の地へ4局

11：15、⓮西巣鴨四局には全国の桜の7～8割を占めるとも言われる染井吉野発祥の地碑が描かれています。江戸時代に染井と呼ばれていた巣鴨・駒込地区は、大名屋敷御用達の植木職人が集まった地域で、中でも江戸末期に既存種を交配させて生み出した染井吉野は最大の発明品。それ以降の東京の春の景観を一変させてしまいました。今、私が盛んに見てまわっている桜も、ほぼすべてここが源だと思うと、感慨深いものがあります。

13：15、⓯東田端局。桜形の変形印は単純に5弁のものが多い中で、当局は蕚《がく》も付いたリアル追求形。田端はＪＲ東日本の旧東京地域本社があり、田端操車場は多数の車両が集まる鉄道マニアの聖地（？）。その線路沿いにも目立たぬ桜並木があり、列車を入れ込んで1枚パシャリ。

ぐずついていた空がようやく晴れてきました。15：00、⓰飛鳥山前局は図案に桜は描かれていませんが、印枠が桜形。都電と桜のコラボが絵になります。飛鳥山の桜は１７２０～21年に八代将軍吉宗が江戸城の桜を移植したのが始まりで、今では観光地としてさして有名でない飛鳥山ですが、当時は江戸最大の桜の名所だったそうです。品種は⓮で書いた通りまだ染井吉野は生まれておらず、山桜や江戸彼岸が多くて今とは景観も違ったといいます。北区飛鳥山博物館には花見の歴史や当時の花見弁当のことなどが詳しく解説展示されているので、機会があったら一度見学することをおすすめします。

⑫ 中野サンクォーレ内局

06.2.15

中野通りの桜を見る犬、サンクォーレタワー（P188）

犬が描かれている理由は、江戸時代に生類憐みの令で犬が保護された屋敷が中野にあったから（区役所前に犬の像もいます）。さらに局の為替番号（※）が00001のため「ワン!」とかけているのだと局員さん。

⑪ 文京水道局

96.8.8

神田川の桜、鯉（P179）

⑬ 小石川局

88.3.17

小石川植物園の桜、東京ドーム（P179）

小石川植物園は9：00～16:30、大人330円、月休。

植物園前の播磨坂も桜の名所。昼間から花見に興じる会社員も多し。

⑭ 西巣鴨四局

99.11.11

染井吉野発祥の地碑、都電と桜、区花つつじ（P190）

碑は巣鴨駅に近い線路沿い。郵便局の所在地からはちょっと遠いですが。

染井霊園にて。

⑯ 飛鳥山前局

都電と飛鳥山3つの博物館（紙の博物館・飛鳥山博物館・渋沢資料館）（P192）

00.3.21

3つの博物館は各館10:00～17:00、月休、大人300円。3館共通券は720円。

⑮ 東田端局

田端操車場の電車と桜、田端ふれあい橋の時計塔（P192）

道路右が操車場で奥の建物がJR東日本。

02.6.17

※為替番号：局ごとに5桁の数字が振られ、為替などに押される為替印に見られる。第2次世界大戦後に番号を振り直した際に、たまたま当局の前身である中野新井二局に1番が割り当てられた。

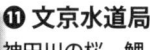

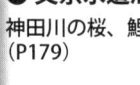

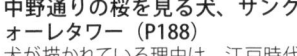

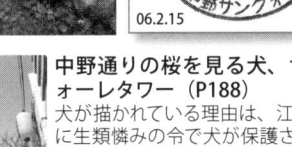

16：20、上野の⑰台東桜木局へ。恥ずかしながら私、ここに描かれている旧寛永寺五重塔について大勘違いをしておりました。現在の寛永寺境内に塔はないし、女性局員さんに「この塔は現存しないんですよね？」と聞いてみると「いえいえ、上野動物園の中にありますよ」との返事！　江戸時代には上野公園一帯が寛永寺の敷地だったのが次第に縮小し、塔の周辺には１８８２（明治15）年に上野動物園が開園したために、今は動物園内にあるのですね。知らなかった。時刻的に動物園には入れず、上野公園をうろうろしていると、上空に桜越しで塔の頭が見えました。

夜はそのまま上野公園で夜桜見物。上野の山は飛鳥山より古い桜の名所で、１６３９年には花見客の失火で五重塔が焼失してしまった記録もあります。現在は約60種１２００本の桜があり、例年１００万人以上の花見客で賑わいます。今年はかねてから憧れていた「夜桜見物をしながら花見弁当を食べる」というのをやってみました。まだ寒い上野の森で、鼻水を垂らしつつ、桜も弁当も堪能しました。

◉4月1日（火）新年度！　都心の桜めぐり6局

いよいよ新年度に突入。桜の風景印めぐりも佳境ですが、今日は初々しい新社会人の姿も目立つ都心へ。11：45、⑱鉄鋼ビル内局。ここの図案は数ある桜の風景印の中でも異色で、実在しない「デザインとしての桜」とでも言いましょうか。現在鉄鋼ビルが建つ場所には江戸時代に北町奉行所があり、名奉行・遠山金四郎がいたのです。その背中にあった桜の彫り物をイメージして桜吹雪が描かれているわけで、全国の風景印の中でもアイデア賞もののユニークな印です。現在は重量感のあるビルが建っていますが、１７０年ほど前にはここで金さんが片肌を見せていたかと思うと（あれは脚色か）面白いですよね。

12：30、⑲日本橋プラザ内局。東京駅八重洲北口の外堀通りを渡ったところから茅場町まで、１６９本の桜並木が続いており、「さくら通り」と名前が付いています。

14：20、ちょっと桜めぐりを外れて東京証券取引所が描かれた⑳日本橋小網町局へ。同所が開設したのは49（昭和24）年4月1日、今日は59周年に当たるのです（半端ですな）。かつて証券マンたちが声を張り上げていた金融の拠点も、取引がコンピュータ化された今は私たち一般人が見学可能。くるくる回る電光掲示板は証券マンたちの喧騒は消えてもここが金融の最前線であることを感じさせてくれます。この日は日経平均が少し持ち直したのをリアルタイムで知り、ちょっと気分よくこの場を後にしました。半年後のリーマンショックなど、知る由もなく……。

14：45、㉑都道府県会館内局。ビル周辺に桜の名所はないのですが、都道府県会館なので東京の象徴として都花の桜を描いたのでしょう。「金さんの桜」に続く実在しない桜ですが、ふるさとの花切手東京版にぴったりです。

⑱ 鉄鋼ビル内局

03.3.13

遠山金四郎の桜と鉄鋼ビル、新幹線（P170）
金さんの入れ墨は女の生首だったという説もあり。しかし風景印に生首を描くわけにもねえ……。

⑰ 台東桜木局

旧寛永寺五重塔と桜（P181）

04.3.15

弁当は上野松坂屋で「おこわ米八」の五色おこわ弁当1155円を選びました。左から鳥五目、桜、栗、小豆、山菜の5種類のおこわが楽しめて、花祭り気分満開。

⑳ 日本橋小網町局

02.6.3

東京証券取引所と鎧橋（P172）
見学は平日9：00～16：00。守衛のおじさんが「最近の人は皆いいカメラ持ってるな～」と話しかけてきたりして、拍子抜けするほどフランクでした。切手に描かれた像も1階で見られます。

⑲ 日本橋プラザ内局

さくら通りの桜、日本橋プラザ（P173）
ネットでは「東京駅から近い日本一便利なお花見スポット」とPRされていました。

02.6.3

㉑ 都道府県会館内局

都道府県会館と桜（P171）
47都道府県の出先機関を1か所に集約させたビルのようで、いわば現代版の参勤交代所？　Uターン就職や観光の資料も取り揃えており、国内旅行好きの人にもオススメ。

99.3.8

15：30、㉒九段局。靖国神社の桜には1本ごとに「海軍十三年櫻」などの札が付けられています。それはつまり昭和十三年に海軍に入隊し、戦死した人たちの魂を鎮めるために植えた桜で、まさに「同期の桜」ということです。桜はすぐに散るのが潔しとして、兵士の象徴と見られた時代があったのです。もうひとつ、靖国神社には東京の桜の「標準木」が3本あります。写真の竹柵で囲われたのがそのうちの1本で、3本中1本に5〜6輪が開花すると東京に開花宣言が出ます。今年は風景印散歩のために常に開花宣言を気にしていましたが、その発信元ともいえる桜が見られたのは、何だかうれしかったです。

16：30、㉓麹町局。東京に住んで37年、初めて千鳥が淵の桜を見ました。夜桜が美しいと聞き、行程のラストに組み込んだのですが、これはものすごい。当日のノートを見ると「人生最強の桜」と興奮してメモしてあります（P2）。花見客も今日が今年のピークとわかっているのでしょう。仕事を終えた会社員やOLが集まって来て長蛇の列。インド大使館脇から皇居の北門まで約700m、満開の桜並木の下を歩きつつ、千鳥が淵を挟んで北の丸公園の壁にもびっしりの桜。溜め息が出ます。この地域は23（大正12）年の関東大震災の帝都復興事業で桜並木が整備され、さらに昭和30年代に東京オリンピックに合わせて染井吉野が植樹され現在のような景観になったそう。徳川家の将軍たちは東御苑で桜を愛でていたと思いますが、この見事な桜並木は目にすることはなかったんですね。

◉4月3日（木）不思議な渋谷の桜1局

13：30、渋谷で仕事があったので、その帰りに㉔渋谷局へ。金王八幡には江戸時代から生き続ける長州緋桜というしだれ桜がありますが、とても珍しい変種で、花の中心にある雄しべが花弁化して八重に見える花もあり、1本の木に一重と八重の花が混在しているのです。ですが、境内に着くともう花びらがすっかり地面に落ちてしまっています！　そこで掃除していた女性に話しかけると、ご自分で撮影した写真を見せてくれました。なるほど花のカップの上にもう1カップ重なっているような二重の桜です。しだれ桜の開花は染井吉野の1週間くらい後だと油断していたのですが、「今年は暖かいからどの桜もいっせいに咲いちゃったの」とのこと。地球温暖化、憎し……。

◉4月7日（月）板橋から練馬へ花を探して6局

9：05、南蔵院のしだれ桜を描いた㉕板橋蓮沼局。先週、金王八幡のしだれ桜がもう散っていたので、かなり不安を抱きつつ行ってみると……これはお見事、満開です！　当院は吉宗が鷹狩りに訪れた際に「櫻寺」と名付けた言い伝えもある穴場の名所。複数の品種が順番に咲き、3週間ほど桜が楽しめるので「今年は桜を見逃しちゃったなー」と思った人は、ここに来るといいかもしれません。

靖国神社拝殿と桜（P170）

他で見るのとは重みが違う靖国神社の桜。西南の役から第二次世界大戦まで約2500人の英霊が眠っています。

㉒ 九段局

㉓ 麹町局

千鳥が淵と日本武道館（P171）

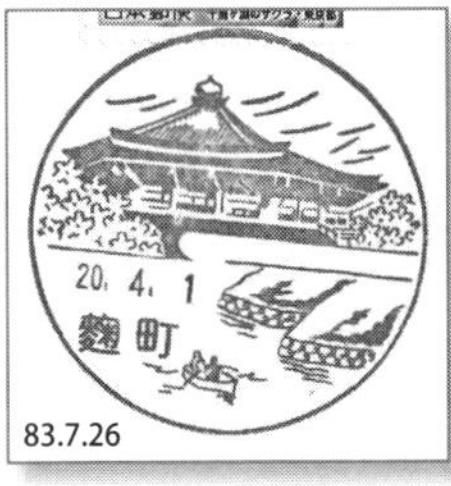

09年4月4日に昼の桜も撮影してきました。風景印同様にボート込み。

千鳥が淵入口にあるインド大使館は例年、桜の季節に屋台を出します。私もキーマカレー700円を食べながらの夜桜見物。

どうしても変種の八重が見たくて、09年3月30日に再訪。二重カップまでは行きませんが花の中にも花弁が2枚開いているのがわかると思います。

㉔ 渋谷局

金王八幡のしだれ桜、忠犬ハチ公像、神宮橋（P188）

現代ではあまり知られていない金王桜ですが、源頼朝が父の家来・金王丸をしのんで植えた伝説があり、江戸時代には郊外三名木のひとつとして有名だったそう。

㉕ 板橋蓮沼局

南蔵院のしだれ桜（P193）

境内の至るところに様々なしだれ桜が咲き誇っています。切手は同じしだれ桜のよしみで山梨版ふるさと切手を。

ずっと桜を追っかけてきましたが、足元でもきれいな花が咲いていています。11：15、㉖板橋赤塚局の図案はニリンソウ。高島平駅から団地を抜けて首都高5号線を越えると、緑地帯に向けてカメラを構えている人たちがいて「はは〜ん、あそこにニリンソウが咲いているのだな」とわかります。近づくと一面に純白の花が、まあきれいなこと。20×200㎡の都内最大の自生地です。思わず「ふたりはニリンソウ〜♪」というフレーズが浮かんでしまいますが、本当にどの株も2輪ずつ花が伸びていて、ニリンソウとはよく言ったものだなと感心します。

区境を越えて練馬区へ。13：15、㉗練馬大泉二局の風景印にはカタクリの花が描かれています。清流の近くに咲く花ですが、区民から白子川流域で自生していると情報が寄せられ、76（昭和51）年に清水山憩いの森として整備されました。あいにく小雨が降り出し花は半閉じ状態。背丈も低いので地面に這いつくばっての撮影です。管理人のおじいさんに聞くと「晴れて花が開くと〝桜のマーク〟が見えるんだ」と意味深な笑み。カタクリなのに桜？　しかもマーク？　頭の中を「？」が渦巻きつつ教えられた土手の方へ行くと、斜面に咲いたカタクリが下から覗けます。それで花の奥を覗いてみると……あっ、ありました桜のマーク！　写真でも見えると思いますが、花弁の根本に紫色の濃いギザギザがあって、まさに校章の桜のよう。これを〝桜のマーク〟と呼ぶとはおじいさん、粋ですね。

14：00、関越自動車道と外環道入口を描いた㉘練馬大泉四局。この先、季節と関係ない風景印は近くを通る際に効率よく収集していくことにします。私は車を運転しないので道路事情にはめっぽう弱く、女性局員さんに「この図案の場所は見えるんですかね？」と質問。教えられた通りに行くと、まさに図案通りの風景を見ることができました。

15：50、㉙練馬東大泉四局。ここも図案にこそ描かれていませんが、学園通りの並木は桜でした。

14：55、㉚大泉局。訪局順は㉙よりも前ですが、最後に図案の牧野記念庭園に行った便宜上、こちらを後に紹介します。日本植物学の父・故牧野富太郎の自宅跡を改造した牧野記念庭園では約340種の草木や博士が使った書斎が見られます。センダイヤザクラは高知県の仙台屋という商家の前で牧野博士が発見、命名した桜。開花は染井吉野より少し後と聞いたのですが、残念ながらもう99％散った状態。窓口の女性に聞くと「最近は昔と違ってどの桜もいっせいに咲いちゃうんですよ」と金王八幡と同じことを言われ、「来年のお楽しみに」と言って送り出されたのでした。

これで今年の桜は見納め。数えてみたら23か所の桜を巡っており、一度こんな桜三昧の春を過ごしてみたいという夢が叶いました。いくつか見逃しはあったものの、今年の桜に思い残すことはありません。

㉗ 練馬大泉二局

カタクリと中里富士塚、区花つつじ（P194）
カタクリの切手で 09 年に再集印。愛読する唯一の少女漫画『小さな恋の物語』（みつはしちかこ著）で主人公が初めてカタクリを見つけるシーンが印象的で、私も見るのが念願でしたが、まさか 23 区内で見られるとは！

㉖ 板橋赤塚局

ニリンソウと東京大仏（P193）
東京大仏は 77（昭和 52）年建立、高さ 12.5 m。

㉙ 練馬東大泉四局

学園橋と学園通り、区花つつじ（P194）

㉘ 練馬大泉四局

関越自動車道と外環道の入口、区花つつじ（P194）
目白通りの大泉氷川橋の上から。後日、関越開通の記念切手で再集印。

㉚ 大泉局

センダイヤザクラ、牧野富太郎銅像と石碑（P194）
センダイヤザクラも 09 年3月 30 日に再見学。染井吉野と違って葉と花が同時に成長し、花の色は赤みが強く、野趣を感じます。牧野富太郎は貧窮の時代も含めて 94 年の生涯を植物の研究に捧げました。「花在れバこそ吾れも在り」という石碑の言葉にはグッときます。没年の翌 58（昭和 33）年に設置された記念庭園は 09 年5月から改修工事で休園となってしまいました。関係者に話を聞くと、趣のあった木造の展示室は建替えてしまうそうで少し残念。でも 10 年夏予定のリニューアルオープンを楽しみに待ちたいと思います。

◉4月12日（土）風景印に残る昔の赤門1局

「東大記念日」（いわゆる創立記念日）に合わせて14：20、㉛本郷局へ。集配局だから土曜でも集印できるのです。東大赤門は加賀藩邸の御守殿門として1827年に建立された東大の象徴ですが、今回風景印を見ていてあることに気づきました。実物は赤門から脇につながる塀が、上部は白で下部は赤い「立て板」ですよね。でも風景印だとこの立て板の部分が「斜め格子」になっています。何で？ 風景印の間違い？ そう思っていたら、ちょうど傍らに謎を解く説明板がありました。詳しくは写真の解説に。

◉4月15日（火）浅草、春の隅田川流域8局

春は浅草で毎週のようにイベントがある季節。今日はそのイベントの風景印を集めつつ、周辺の局もまわろうという腹づもりです。9：05、㉜墨田江東橋局に開局一番乗り。風景印は上半分に大横川親水公園、下半分に江東橋。

10：00、㉝本所二局。「長く集めてるんですか、大変ですねえ」と親切な女性局員さん。局内のカラーボックスには『風景スタンプ集』の各地方版が揃えてあって、私はこういう局は初めて見ました。後日ネットで知ったのですが、本所二局は「旅行貯金（※）」ファンの間では、様々な貯金スタンプを用意している有名な局のよう。なるほどコレクター心を理解してくれているわけです。この本も刊行したらぜひ置いてくださいね。

10：30、㉞墨田太平町局。子供の頃はこの風景印を見て蔵前橋の上には蔵が並んでいるのかと半分信じていましたが、上半分は江戸時代に当地にあった、幕府が年貢米などを保管する「浅草御蔵」で、いわば江戸と現代を融合した斬新な風景印なのです。もう蔵は過去のもの……と思っていたら、台東区側の袂に1棟の蔵が？ ここは「蔵前水の館」といって下水道局の敷地内にある見学施設なんです。まさか蔵の中で大きな下水管が見られるとは思いもしませんでした。

14：55、㉟台東清川局。今日風景印を押すのは2人目とのことで、前の方も今日が「梅若忌」だと知っていたのでしょう。謡曲『隅田川』に謡われる「梅若伝説」は、平安時代に公家の息子・梅若丸が人買いにさらわれ、隅田川のほとりで病死。息子を探して東国まで来た母は悲嘆に暮れて妙亀という尼になるが、結局自殺してしまう悲話です。その妙亀を祀った塚が台東区橋場にあります。

白鬚橋を墨田区側に渡った木母寺には梅若丸を祀った梅若塚があります。お墓と塚になっても隅田川の対岸に別れ別れになってしまっているのが、母子の悲しい因縁を感じさせますが……。16：45、㊱墨田白鬚《しらひげ》局。こちらの風景印に梅若塚が描かれていると対になるんですけど、図案はシンプルに白鬚橋。当局も私の前に押印客がいたそうで、きっと台東清川局と同じ方ではないでしょうか。

㉛ 本郷局

東大赤門と銀杏の葉（P178）
説明板によれば「腰縦羽目板張り」の部分も61（昭和36）年までは「腰海鼠壁」だったそうです。本郷局の風景印は49（昭和24）年から同じ図案を使用しており、印ができた当時は腰海鼠壁だったわけで、この図案は間違いではなかったのです。こういう現地でしかわからないことがわかるから風景印のフィールドワークは楽しい！

49.5.1

㉜ 墨田江東橋局

大横川親水公園と江東橋（P182）
江東橋の真ん中には獅子の顔が彫られています。

84.12.14

㉝ 本所二局

駒形橋と厩橋（P182）

96.12.2

㉞ 墨田太平町局

85.3.20

蔵前橋と浅草御蔵（P182）
蔵前水の館は平日9：00～16：30。下水道局の職員さんが「ちょっと臭いますけどね」などと言いながら地下30 mの下水道幹線などを案内してくれます。54（昭和29）年から30年間、蔵前国技館があった跡地でもあります。

85.4.12

㊱ 墨田白鬚局

隅田川と白鬚橋（P182）
木母寺では毎年梅若忌には謡曲や講談などを行ないます。写真は左手が梅若塚、ガラス張りのお堂は拝殿。

㉟ 台東清川局

妙亀塚と白鬚橋（P180）

89.4.28

※旅行貯金：行く先々の郵便局で貯金をして歩く趣味。貯金通帳に局ごとの貯金スタンプを押してもらえる。通常は「○○郵便局長印」というオーソドックスな四角の印だが、稀に絵柄付きのユニークな印を使っている局もある。

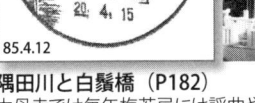

ここから浅草のイベント3連続。訪局順は異なりますが、特別にイベントの日付順で紹介します。

4月13日（日）に浅草寺で開催されたのは「白鷺の舞」。朝から雨模様ですが、舞の一行は11時に伝法院から出てきて、浅草寺の参道を通り境内で舞うとのことなので、伝法院前まで行ってみると、おお、鷺の首を頭に被った白装束の女性たちが！　ものすごい数の見物客でしたが、一行が浅草寺境内に着くや雨が本降りになり、舞自体は中止になってしまいました。行列だけでも写真が撮れてよかった。鷺舞は平安時代、京都・八坂神社の祇園祭が起源で、悪疫退散のために奉納される神事。浅草では１６５２年の「浅草寺慶安縁起絵巻」に舞い姿が描かれており、68（昭和43）年に復活しました（5月の三社祭と11月3日にも披露されます）。舞手の娘さんたちは白粉に頬紅のメイクも可愛らしく、平安貴族もこの舞を楽しんだのかなと、ちょっと雅やかな気持ちになりました。㊲台東千束《せんぞく》局は15日(火)14：10訪局です。

4月19日（土）は隅田川縁で「浅草流鏑馬」。㊳台東聖《しょう》天前《てんまえ》局の風景印は3月26日の桜めぐりで集印しました。流鏑馬《やぶさめ》の始まりも平安時代の宮廷行事で、中世には廃れていたのが１７２８年、世継の疱瘡治癒を願う徳川吉宗の手で復活。浅草でも江戸時代に浅草神社の正月神事として行なっていたのが昭和に復活し、今年で26回目とのこと。19日12時半頃、改修中の浅草寺二天門から7頭の馬が出発し、約３００m移動した隅田川沿いの会場に到着。射手は4班で計25人程が約２００mの走路中に３つの的を射ます。間近で見る流鏑馬はすごい迫力。見事命中するとパアンと板の割れるいい音がして、的の裏に付けられた紙吹雪がハラハラと舞い、とてもきれいです（Ｐ４）。子供たちは大はしゃぎですが、興奮するのも当然です。野性を呼び覚ます力が流鏑馬にはあるのです。

翌4月20日（日）は隅田川で「早慶レガッタ」。㊴蔵前局は15日12：10訪局です。早慶レガッタは05（明治38）年に始まり、戦中などの中止期間を挟んで08年で第77回。朝9時台から1日で全13レースを行ないます。私は14時からの第2エイト（2番代表チーム8人乗り）に間に合うよう、風景印に描かれた厩橋が見える駒形橋で待機。でもいざレースが始まると、被写体をアップで撮りたいけどボートは想像以上に速くて、気づくとあっという間にシャッターチャンスを逃していました。トホホ。仕方ないので14時50分からの対抗エイト（メインレース）まで駒形橋の上で待ったのですが、曇天に川風が吹き付けるので寒い！　そしてどうにか撮ったのが次ページのカット。写真はヘタクソですが、自分がいる橋の真下をボートがぐんぐん通り過ぎて行くのは中々の迫力。春らしく暖かな日に、隅田川の土手で観戦したらさぞ気持ちいいでしょうねえ！

白鷺の舞と酉の市の熊手（P180）
鷲神社の酉の市は例年11月に開催。都内で江戸時代から続いているのは当社と足立区の大鷲神社のみ。

㊲ 台東千東局

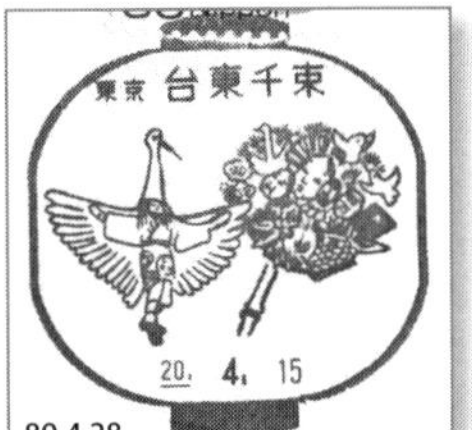

89.4.28

㊳ 台東聖天前局

89.4.28

浅草流鏑馬と桜橋（P180）
面白いのは、射手の表情を見ていると矢を射る前に成功か否かが大体わかること。的が近づいても弓の準備ができていない人は「ダメだ」という顔が見えます。一方、早めに準備できた射手は表情に余裕があり、矢も命中する確率が高いのです。

89.4.28

㊴ 蔵前局

早慶レガッタと厩橋（P180）
英国のオックスフォード大vsケンブリッジ大、米国のハーバード大vsイェール大と合わせて「世界3大レガッタ」。漕ぎ手たちは裸足です。その方が踏ん張りが効くのか、靴を履いていてもどうせずぶ濡れになってしまうからなのか。

おすすめ浅草グルメ

13日は1880（明治13）年創業で電気ブランが有名な「神谷バー」へ。私は下戸なのでかにコロッケ（710円）とライス（220円）を注文。明治の社交場の雰囲気が漂う店内もお洒落です。11：30〜22：00、火休。

15日の昼食は「飯田屋」へ。どじょうはちょっと値が張りますが、飯田屋で平日昼のみの「どぜう汁ご飯」は600円とリーズナブル。どじょうのエキスが超濃厚で何杯でもご飯がいけちゃいます。11：30〜21：30、水休。

19日は天ぷらの「大黒家」へ。天丼1500円は海老、キス、かき揚げ、ししとう。濃いタレと香ばしい衣が特徴。11：10〜20：30（土祝は〜21：00）。

◉4月16日（水）桜草と花水木2局

まだまだ東京の花の季節は続きます。都内で唯一、桜草を描いているのが㊵赤羽岩淵駅前局。9：20訪局。荒川の土手に桜草が咲いていそうな図案ですが、それは昔の話。江戸時代始め、鷹狩りに来た徳川家康が当地の桜草の可憐さにひかれ持ち帰って以来有名になり、江戸期には飛鳥山の桜と並んで多くの見物客を集めたそう。ですが戦後、埋め立てなどで絶滅に瀕し、昭和30年代からは地元愛好家たちが丹精込めた保存活動を始め、例年4月中〜下旬に浮間公園の桜草圃場で公開しています（P2）。

12：05、花水木を題材にしているのは㊶荒川西尾久三局。局前は小台橋みずき通りという商店街です。花水木を街路樹にする通りは多いですが、多いとわざわざ風景印にしないもので、都内ではこの1局だけ。花の位置が高く、写真を撮っていたら首が痛くなりました。

本当はこの日はあと6局まわるつもりだったのが、まだ花が咲いてなかったりして打ち止めに。自然はこちらの都合通りには行かないものだと思った1日でした。

◉4月20日（日）日本近代郵便の父表敬訪問1局

1871（明治4）年4月20日は我々郵便ファンには馴染みの深い郵便創業の日。㊷日本橋局は同日に駅逓司と四日市郵便役所（現・東京中央局）が設置された場所で、街道の基点である日本橋が選ばれたのは、ごく自然の成り行きだったのでしょう。局前には日本の近代郵便制度をつくった前島密像があります（P6）。1円切手の図案でも有名な前島さんには子供時代から親近感を抱いていましたが、この像は結構目つきが鋭い。偉業をなした人は顔にも強さが表れるものですね。12：30訪局。

◉4月21日（月）東京下町・春の花6局

4月下旬に入り色々な花が見頃を迎えて集印も慌しくなってきました。まずは足立区の区花でもあるチューリップ。足立区内ではかつて花卉《かき》農業が盛んでチューリップも多くつくられていたそうです。9：00、㊸足立青井局。

続いて西新井大師の牡丹は9：50、㊹足立西局。10：20、㊺足立西新井局。西新井大師は9世紀創建で、西の長谷寺（奈良県）と並び称される牡丹の名所。例年4月中旬から5月初めまで牡丹園が開園され、5つの牡丹園で約100種4500株の花が楽しめます。

そしてチューリップの名所は、どうやら区西部の都市農業公園というところらしい。中々辺鄙な場所で、私が使っている97（平成9）年発行の区分地図には載っておらず、うろうろ歩き回った末に荒川の土手沿いに発見しました。園内にチューリップは少なく、この程度かとちょっと拍子抜けしたのですが、荒川の河川敷に出てみると、わお見事な花畑！ 何と2万球が植えられているそうで、この河川敷は見ものです（P2）。14：00、㊻足立宮城局。

㊷ 日本橋局

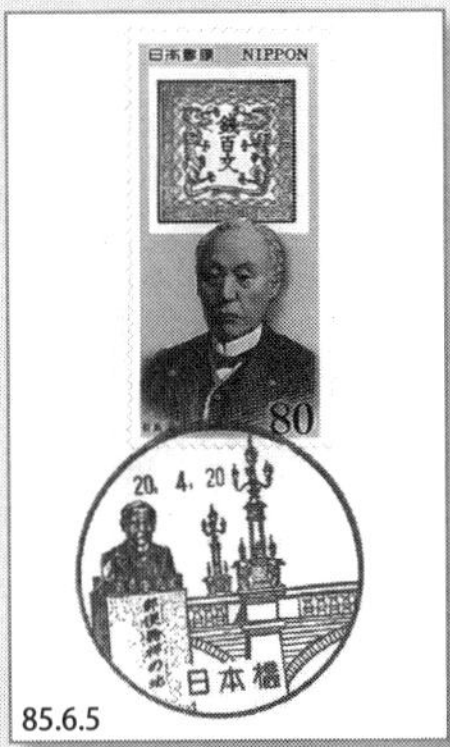

前島密像と日本橋（P172）
日曜でもゆうゆう窓口で押印可能。担当は偶然、知り合いの局員さんでした。

㊶ 荒川西尾久三局

小台橋と花水木、都電（P189）

㊵ 赤羽岩淵駅前局

新荒川大橋と桜草（P192）

㊹ 足立西局

西新井大師本堂、ダルマと牡丹（P195）

㊸ 足立青井局

つくばエクスプレスとチューリップ（P195）

㊻ 足立宮城局

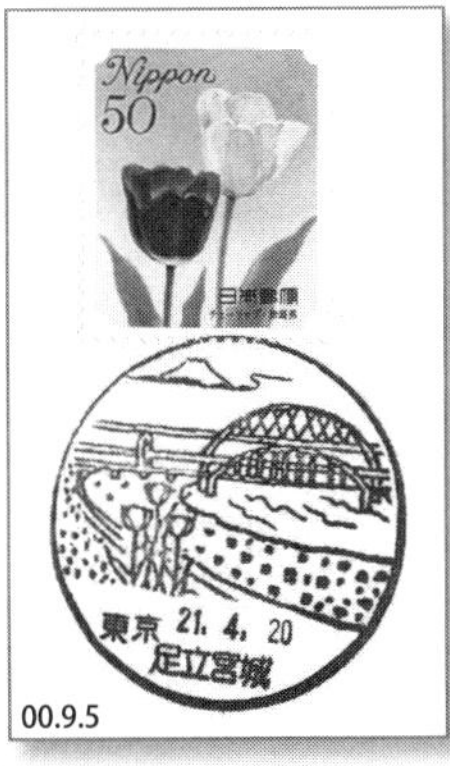

荒川河川敷とチューリップ、江北橋と首都高、富士山（P195）
都市農業公園は9：00～17：00。区内で使われていた農機具の展示室などもあります。チューリップの切手で再集印。

㊺ 足立西新井局

西新井大師本堂と三匝堂、牡丹（P195）

牡丹の花はなぜか寺社に似合います。大ぶりでゴージャスで、東洋のバラといった感じでしょうか。

西新井大師はお好み焼きから骨董、増毛剤まで多数の屋台が出て、巣鴨よりさらに庶民的。三匝堂は外観は普通の三重塔ですが、中は螺旋状に歩くうちに、一度も同じ道をたどらず最上層までたどり着ける三匝堂。形状が似ていることからさざえ堂とも呼ばれます。天保年間につくられ、1884（明治17）年に再建。現存する数少ない三匝堂。

㊼荒川町屋局の山吹も都内の風景印では唯一。15：30訪局。町屋は太田道灌の「山吹伝説」がある土地で（新宿や岩槻などにも存在）、鷹狩りに来た道灌が雨に降られ、農家で〝蓑〟を借りようとしたところ、女性は八重山吹の花を1枝差し出した。それは古歌にかけて「うちは貧しくてお貸しできる蓑すらないのです」という意味だった……という話です。ですがまた、この山吹がありふれた花だけに名物にしている公園がない。目星をつけていた尾久の原公園にもなく、もう諦めるかと最後に隣接する団地につながる通路を見たところ……なんと山吹が咲いていたんです。これは本当にうれしかった。花を見つけてこんなにうれしいとは思いませんでした。山吹伝説は人気があるので、区内で1か所くらい山吹をメインにした公園を整備してもいいと思うのですが、荒川区さん、どうでしょうか。

16：30、㊽文京根津局。根津神社では4月初旬から1ヶ月間「文京つつじまつり」を開催中。約2千坪のつつじ苑に、約50種3千株のつつじが丘状に咲き競っています。東京版ふるさとの花切手には「つつじ」と「みつばつつじ」があり、両者の違いがわからぬ男だった私ですが、ここで学習できました。

◉**4月23日（水）藤とつつじと慶應大学と……6局**

9：02、㊾城東局。藤は5月の花だと先入観があったのですが、何年か前にゴールデンウィークに見に行って失敗したので、早めに出かけたところ正解でした。亀戸天神の藤は1661年の創建当時から植えられているそうで、現在は100株1万房以上。一足先に夏が来たような陽射しの強さで、藤棚の下の涼しさが際立っていました。

12：30、㊿霞ヶ関局。風景印の中段に花が並んでいますが『風景スタンプ集』では一切言及されていません。数日前、局に電話で問い合わせると「この高さからするとつつじでは」との返事。私もそうではないかと思い地下鉄の階段を上ると、やっぱり植え込みに多数のつつじが咲き誇っていました。図案の左は外務省、右は財務省か？

11：20、㊿の前に訪ねましたが、解説の都合上、逆順で。51中央湊局。今日4月23日は慶應義塾大学の創立記念日。今は三田校舎ですが、起源は1858年に福沢諭吉が中津藩の屋敷に開いた家塾で、外国人居留地などがあった中央区明石町にありました。さらに遡る1771年には前野良沢らがオランダ解剖書を初めて読んだ場所でもある……ということが、図案の石碑に書かれています。

続いて三田へ。13：15、52高輪局。創立記念日のため学生はほとんどいません。図案の旧図書館は、12（明治45）年竣工の赤レンガの洋風建築で重要文化財にも指定されています。建物の前には諭吉さんの像も。帰宅してから気づいたお粗末さですが、秋には創立150周年の記念切手も発売されるとのこと。その発売日に再集印。

㊾ 城東局

67.4.29

亀戸天神社殿、太鼓橋と藤（P183）
藤の色は1色だと思っていたがバリエーションがあるんですね（P2）。

太田道灌の狩り姿と山吹（P189）
女性がたとえた古歌は『後拾遺和歌勅撰集』にある兼明親王の「七重八重 花は咲けども山吹の　みの一つだに無きぞ悲しき」。一重の山吹には実がなるが、八重にはならないのです。

㊼ 荒川町屋局

96.8.8

㊽ 文京根津局

96.8.8

根津神社楼門とつつじ（P178）
期間中つつじ苑は9：00 ～ 17：30、入苑の際に200円寄進。こんもりしたのがつつじ、枝が高く伸びているのがみつばつつじ。

㊿ 霞ヶ関局

官庁街のつつじ、国会議事堂、陸奥宗光像、霞ヶ関跡碑（P170）
周辺は警備が厳しく、無闇にカメラを向けると呼び止められるので、「つつじがきれいだなー」なんて風情でさり気なくつつじ越しに外務省を撮ってきました。

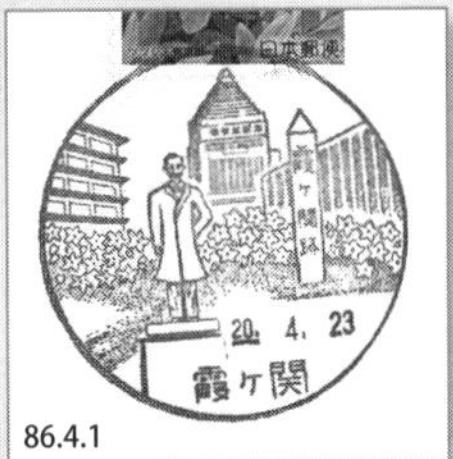

86.4.1

㉛ 中央湊局

慶應義塾開塾の碑、米国公使館跡碑、佃大橋（P174）

87.7.7

㉜ 高輪局

61.12.1

慶應義塾三田旧図書館、泉岳寺山門、東京タワー（P176）
子供時代に集めた「慶應義塾創立100年記念切手」が半世紀前の切手になり、自分も年を取る訳だと切手に気づかされました。

14：45、53駒込駅前局。駒込駅は線路脇の斜面につつじが咲く、珍しい駅中の花の名所です。10（明治43）年の駅開業を祝して近所の植木職人から贈られたのが始まり。駒込のつつじ自体は1656年に九州・霧島山から染井に伝わり、植木屋・伊藤伊兵衛が研究し発展させました（屋敷は現在の染井霊園の北側にあったそう）。下って江戸末期には14で触れたように、当地から染井吉野が誕生しました。さすれば今の東京の春の景観をつくり出したのは染井の植木職人だとも言え、現代ではあまり知られていませんが、偉大な職人集団だったと感心せずにいられません。

15：00、54中里局。図案は緑溢れる六義園が題材で、特定の花を描いているわけではないのですが、まあ駒込という土地柄、つつじの季節に押すのが適当かなと。六義園は五代将軍・徳川綱吉の信任が厚かった柳沢吉保が1702年に築園し、明治期に三菱の創業者である岩崎弥太郎の所有を経て、38（昭和13）年に東京都に寄付されました。

◉4月28日（月）薬王院の牡丹1局

10：10、55落合局。薬王院の牡丹は、本山である鎌倉の長谷寺から66（昭和41）年に分けられたもので歴史はまだ浅いですが、当初100株だったのが10倍ほどに増えたそう。街はすっかり連休気分で郵便局もガラ空き。4月の疲れも溜まっているし、今日は1局でお終い。こうしてゆるーいゴールデンウィークへと突入していくのです。

コラム1

東京桜地図

全部で23か所の桜の名所をめぐった春でしたが、その来歴を見ると次の5つに分類することができます。

①江戸時代からの桜の名所：上野、飛鳥山、隅田川、染井、金王八幡、南蔵院
②関東大震災復興などで戦前に整備：千鳥が淵、靖国神社、石神井川
③戦後復興と東京五輪で整備：立会川緑道、中野通り
④近年の街作りで植樹：目黒川、神田川、日本橋さくら通り、ミッドタウン
⑤研究施設：小石川植物園、牧野記念庭園

江戸の桜のキーマンは八代将軍・徳川吉宗で、飛鳥山や隅田川など、今につながる桜の名所を整備させており、桜の美しさを知っていた将軍といえそうです。それが1700年代前半のことですが、上野の史料には1639年に花見客が火事を起こしたとあり、上野は吉宗以前から桜の名所だったことがわかります。

ただしP20にも書いた通り、当時はまだ染井吉野が生まれる前なので、それらの桜は山桜でした。染井吉野は花が咲いた後に葉桜になりますが、山桜は葉と花が一緒に成長するので色合いがだいぶ違ったはずです。

それよりさらに歴史が古いかもしれないのが、渋谷の金王八幡の桜。一重の中に八重の花が交じっている

㊸ 駒込駅前局

99.11.11

駒込駅とつつじ（P190）
4月23日はまだ三分咲きで、その後も山手線に乗る度に様子を窺っていたところ、5月2日に満開の状態を撮影できました。

㊹ 中里局

六義園（P192）
六義園は9：00～17：00、大人300円。

91.11.29

㊺ 落合局

95.7.31

薬王院と牡丹、おとめ山公園、区花つつじ（P188）
落合局が面白いのは、局舎は中野区にあるのに、業務は新宿区内の郵便物の集配であること(理由はP96に)。薬王院とおとめ山公園も新宿区にあります。

珍種の桜です（P24）。09年4月に小金井の江戸東京たてもの園で開催された特別展『桜を愛でる～花見の今昔～』に大変面白い記述がありました。江戸初期に桜の名所とされたのは金王八幡のように寺社に植えられた一本桜が主流だったというのです。今は花見というと、ずらーっと並んだ壮観な桜並木のイメージが強いですが、境内にある一本、あるいは数本の桜を皆でしみじみ楽しむ、それが江戸の花見の原型だったのです。そういう花見も素朴でいいですよね。

時代が下って、各地で染井吉野の植樹が繰り返されますが、その多くは戦後の復興期に植えられたもの。上野など古い名所でも、この時期に追加の植樹が行なわれました。しかし染井吉野は寿命が50～60年といわれ、戦後60年以上過ぎた現在、各地で枯死する桜が出てきて、地元有志による桜守の活動が必要になっています。私も千鳥が淵でカンパをしてきましたが、また少しずつ、東京の桜地図も塗り替えられていくのかもしれません。

こんな風に風景印ひとつから縦横無尽に想像や興味が広がっていくのが、風景印散歩の醍醐味なのです。

5月◉近藤が逝き、芭蕉は旅立つ

◉2008年5月2日（金）東京の柳巡礼7局

金欠もあり都内で過ごすぞ、と決めたゴールデンウィークのど真ん中。今日のテーマはこの季節、青葉が眩しい柳です。固有名詞の付いた柳もそう多くはないと思いますが、56台東日本堤局には「見返り柳」という名の柳が描かれています。11：30訪局。ここは江戸時代の遊郭街・吉原に近く、てっきり私は、吉原に入ることになった女性が故郷を恋しがって振り返った悲しい柳なのかと想像していたら、吉原で遊んだ客がこの場所で後ろ髪を引かれる思いで振り返ったことによるそう。艶っぽい由来でちょっとホッとしました。庶民史の一面をきちんと留めてくれている意味で貴重な風景印だと思います。

続いて柳のメッカとも言える銀座へ。13：05、57中央新富二局。ところがこれが大変なことになったのです。何の気なしに図案の新富橋に行ってみると、風景印に描かれているような石造りの親柱が見当たりません。多分昔は立派な親柱があり、どこかに史跡として保存されているのだろうと勝手に思った私は近隣のお店の人、道を箒で掃いている人、近くの公園でお祭りのテントに集まっていたお年寄りなどに風景印を見せながら質問してみるも、誰も古い親柱の存在など知らず。風景印の左側にも描かれている中央区役所の教育委員会で聞くと、職員さんが過去の資料を調べてくれましたが、図案のような親柱の写真はなし。新富橋の周りを1時間以上ぐるぐるまわった挙句、この日は諦めることにしました。この話の続きは、次のページで。

14：30、58銀座一局。こちら旧京橋の親柱はすんなり見つかりました。京橋川は59（昭和34）年に埋め立てられ橋も撤去されましたが、その親柱は銀座通に面した、警察博物館がある高速都心環状線の下に保存されています。

15：10、59銀座通局。銀座発祥の地碑を探すも中々見つからないので、愛想のいいメガネの男性局員さんに聞くと「本当はティファニーさんのビルの前にあったんですけど、ビルが工事中で碑も撤去されてるんですよ」とのこと。見つからないもの続きですが、事情がわかれば安心です。

15：45、60銀座並木通局。風景印に街並みが描かれる場合、さり気なく郵便局自体も入れているところが多いようです（銀座一局も真ん中のビルの1階がそう）。監督自身がひょっこり登場するヒッチコックの映画みたいですね。

❺❼ 中央新富二局

中央区役所と新富橋旧親柱（P175）

帰宅してから検索すると意外にも建設会社のホームページで事実が判明。新富橋は30（昭和5）年に架設されましたが、02（平成14）年に架け替えられていました。風景印をデザインした97（平成9）年には旧親柱が現役でしたが、架け替えで処分され、今はどこにも存在しないのでしょう。

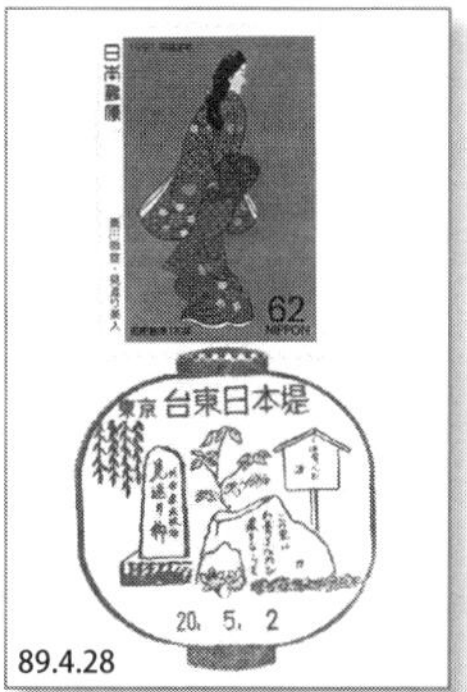

❺❻ 台東日本堤局

古き吉原を愛した文人・久保田万太郎の句碑は吉原神社にあります。「この里におぼろふたたび濃きならむ」。61（昭和36）年に松葉屋という料亭のビル落成式で詠まれたものです。

見返り柳と久保田万太郎句碑（P180）

「見返り」という言葉を聞くと元切手少年の性で見返り美人の切手を貼ってしまいますが、実際に振り返ったのは男でした。

❻⓿ 銀座並木通局

銀座三丁目街並みと街灯（P173）

凸型のビルがプランタンの裏側で、その手前の間口の広いビルの1階に局が入っています。

❺❽ 銀座一局

旧京橋親柱と銀座一丁目街並み（P173）

1875（明治8）年に石造になった京橋は、1922（大正11）年には照明設備付き親柱が設置されました。図案は後者ですが、照明が付く前の親柱も❸❸❽京橋通局に描かれています。

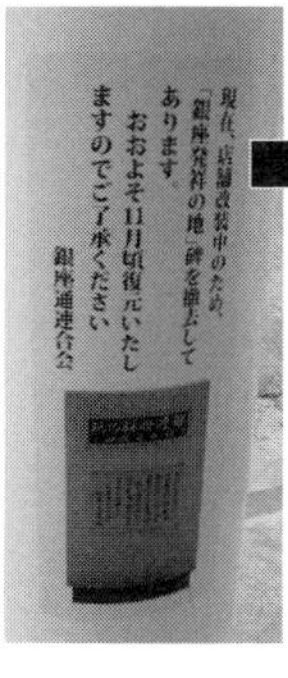

❺❾ 銀座通局

銀座通と銀座発祥の地碑、柳とつばめ（P173）

12月2日に通りかかったら、無事復元されていました。

柳といえば「銀座の柳」で、61銀座西局の図案には柳と歌碑が描かれています。16：25訪局。現在「銀座の柳二世」と歌碑は銀座西局でなく263新橋局の脇にあります。『銀座の柳』といえば「昔恋しい銀座の柳」のフレーズが浮かびますが、実はあれは『東京行進曲』という歌で、この碑には「植えてうれしい銀座の柳」と微妙に違う歌詞が刻まれています。銀座の柳は明治期に整備され、大正期に道路拡張で撤去されました。29（昭和4）年、その柳を「昔恋しい」と懐かしむ『東京行進曲』がヒット、銀座に柳を復活させる機運が高まり、32（昭和7）年から徐々に復活。それを「植えてうれしい」と歌ったのが『銀座の柳』という訳です。その二代目も戦禍で消失し、戦後に三代目を植えたものの、68（昭和43）年の銀座通大改修でほぼ撤去。80年代に入り、他地域で育っていた二世柳を譲り受けて再度整備を始めたうちの1本が、この写真の柳なのです。銀座の柳にも大変な変遷があったのですね。

そしてもうひとつ、有名な柳が皇居のお濠の柳。ですが62宮内庁内局は一般人が入れない、全国的に最も訪ねるのが難しい郵便局のひとつ。本書の中でも唯一、郵頼のみで済ませましたが、写真だけは現地で、風景印と同じく二重橋の右上から柳の枝が垂れ下がる構図で撮影しました。今頃、この橋の向こう側で、無事風景印が押されているといいなあと願っていると翌日にはもう手元に届きました。

◉5月5日（月）銀座支店改編1局

この連休は154東京中央局の改築にともなう分室の再編などで、郵便マニアにとっては慌しい期間でした。詳しい説明は次のページでしますが、図案が変わってしまう前に風景印を押しておこうと17：00に63銀座支店を訪ねました。8年前に行った時はコンテナが並ぶ局内を抜けて窓口まで行く変わったシチュエーションでしたが、今日行ってみると局舎が建て替えられ、窓口も玄関に近く行きやすくなっていました。張り紙を見ると4月5日に開設したばかりのようです。

◉5月7日（水）昔、近郊農村だった豊島区西部11局

今日は池袋駅の西側をまわります。コレクターの間では有名な風景印密集地、ただし似たような図案が並び、あまりよく言われない気の毒な地区でもあります。

9：20、64豊島南長崎局。9：45、65豊島長崎局。10：25、66豊島南長崎六局。10：45、67豊島長崎六局。13：20、68豊島長崎一局。5局とも長崎神社の獅子舞を描いており、開催日である5月11日（日）に実物を見てきました。当社の獅子舞は元禄時代（１７００年頃）に病気平癒のお礼に奉納したのが始まりで、以来、無病息災と五穀豊穣を祈願して続けられています。昔はこの辺りが近郊農村だったことの証で、農業の実体がなくなった現代に、伝統芸能を継承していく方々の努力に頭が下がります。

㉒ 宮内庁内局

二重橋と柳、新宮殿（P170）

㉑ 銀座西局

銀座の柳の歌碑、銀座西八丁目付近の街並み（P175）

後日再配備されたきれいな印影を掲載。

㉓ 銀座支店

それまで東京中央局内にあった事業会社の「丸の内支店」が「銀座支店丸の内分室」に変更。その影響で「丸の内支店」の風景印は廃止になり、その図案が「銀座支店」の図案にスライドするというややこしさ。

銀座の街並みと浜離宮（P175）

“ザ・銀座”的な四丁目の風景から東京駅の図案にチェンジ。「銀座支店の集配エリアが東京駅まで広がった」ことを示しているそうですが、やはりミスマッチ感が。図版は旧図案最終日と新図案初日のもの。

獅子舞の舞台は竹で囲われた約5m四方の“もがり”と呼ばれる聖域。風景印の獅子は2頭ですが実際は3頭。髪は地鶏の羽根で、最近はこんな立派な羽根が中々手に入らないので、抜けても大事に拾って再生しているそう。動きは激しく、重い頭を振って胴前の太鼓を叩きながら20分間も舞い続けるなんてすごい体力です。

㉔ 豊島南長崎局

長崎神社の獅子舞、区花つつじ（P191）

㉖ 豊島南長崎六局

㉕ 豊島長崎局

㉘ 豊島長崎一局

㉗ 豊島長崎六局

続いてやはりよく似た図案の3局です。11：40、㊴豊島千早局。12：25、⑳豊島高松局。13：00、㉑豊島千川一局。千川は1696年に千川太兵衛・徳兵衛が上水として造ったもので、保谷から浅草まで全長約28㎞。飲料水や農業用水として使用され、だから流域では農業が栄えて、獅子舞も行なわれたわけですね。59（昭和34）年に暗渠化しましたが、その歴史に因んで89（平成元）年に公園が造られました。ちなみに図案の窓付きの小屋は掃除用具入れです。浅間神社の富士塚は1862年に築かれた高さ8m、直径21mの立派なもの。富士塚は各地に現存しますが、当社のはちゃんと富士山から運んだ溶岩を使っているんだそう。国の重要有形民俗文化財に指定されているせいか、金網で囲われ、登ったりすることはできません。

14：10、だいぶ池袋駅付近まで戻ってきました。㉒立教学院内局の風景印は、後光が射しているような、イルミネーションで光っているような、ちょっと不思議な図案です。立教卒の友人にクリスマスにはこういう光景になるのか聞いてみると「何これ、こんな光景見たことない」との返事。局員さんに聞いても不明で、どうしてこういう図案になったのか、デザイナーさんに聞いてみたいですね。ミッションスクールなので、何となくホーリーなイメージだったのでしょうか。

15：50、㉓メトロポリタンプラザ内局。16：20、㉔西池袋局。どちらも自分で押しましたが、㉓は女性局員さんに見られている緊張で印影が潰れ、まるでヘタクソだったくせに、㉔では男性局員さんに「お上手ですね」とおだてられ、さも慣れているふりをしてきました。

◉5月14日（水）近藤勇の碑からバラ園まで4局

5月第3週は日付を狙いたい記念日が集中し、スケジュールを組むのが大変でした。まずは新撰組局長・近藤勇の命日5月17日（新暦に換算）。当日は土曜のため、3日早く出かけたのですが、あいにく朝から雨が本降り。9：30、㉕滝野川六局。新撰組ファンはあまり押しに来ないそうですが、世にファンはかなり多いので、PRすれば人気が出ると思うんですけどね。図案の近藤勇の墓所と碑はJR板橋駅前の寿徳寺境外墓地（飛び地のようなもの）にあります。

1868年、徳川家が倒幕派に屈した後も佐幕派であり続けた近藤は、下総で捕われて板橋宿に幽閉された後、斬首されました。この地に首はなく、胴体だけが埋められたという話、ちょっとおどろおどろしくもあります。享年35歳、私の年齢の時にはもう亡くなっていたんですよね。短くて凝縮された人生です。1876（明治9）年、隊士の永倉新八が発起人となり、副長の土方歳三らも合わせて弔う供養塔がここに建立されました。5月25日（日）に行なわれた「滝野川新選組まつり」の様子は次ページで。

㉛ 豊島千早局

⑳ 豊島高松局

千川親水公園、浅間神社（P191）

⑲ 豊島千川一局

立教大学、区花つつじ（P191）
学食にて第一ランチ 350 円。コロッケ、肉団子、唐揚げなど盛りだくさん。私も学食にお世話になった口なので、大学に行くとついつい食堂に寄りたくなります。

㉜ 立教学院内局

㉞ 西池袋局

メトロポリタンプラザと池袋西口公園、区花つつじ（P190）

後日きれいな印を再集印。

㉝ メトロポリタンプラザ内局

近藤勇の碑、名主の滝と金剛寺（P192）
「滝野川新選組まつり」では板橋駅前の広場で出陣太鼓や踊り、寸劇などが 12 時から 17 時半まで続きます。地元滝野川だけでなく、市谷や流山、はるばる函館からも新撰組好きの団体が参加。パレード中に街の辻で行なわれる殺陣は迫力満点（右が近藤勇役）。

㉟ 滝野川六局

寿徳寺境外墓地の隣にある「しやとう」という喫茶店には「イサミアンミツ」なるメニューが（530円）。奥さんに聞くと近藤勇が甘党だったことから生まれたメニューで、栗や小豆など、当時からあった素材を使っているのだとか。10：00 ～ 22：00。

金剛寺は紅葉寺の別名を持つ紅葉の名所。近くの橋にも紅葉模様が。

本日14日は医師で歌人だった斎藤茂吉の生誕日でもあります。12：05、76元浅草局。茂吉は山形県出身ですが、15歳の時に上京し、浅草の三筋町に住んでいた養父の元に寄寓。東大医学部を経て長崎医学専門学校に赴任しました。いわば三筋町は第二の故郷で、命日よりは誕生日の方が相応しいかと思い、今日を選びました。歌碑は三筋にある老人福祉会館前の小さな公園内にあります。

雨で靴はぐっちょりだし、今日はもう元浅草までにしようかと思いかけましたが、突然陽が射したので、自分にはっぱをかけて13：25、77江戸川局へ。江戸川区は園芸が盛んな地域で、都内ではだいぶ見かけなくなった盆栽店にも図案になっているさつきの鉢植えが並んでいました。

次はバラを目指して16：50、ギリギリで78江戸川南葛西六局に到着。フラワーガーデンは南葛西の総合レクリエーション公園の中にあります。まだ早いかと思ったのですが、西洋庭園にバラが満開。大輪の花ほど、1点も傷や汚れがついていない個体を見つけるのが難しく、植物写真家の大変さが初めてわかりました。朝の土砂降りがうそみたいにきれいな夕方でした。

◉5月16日（金）三社祭、松尾芭蕉の旅立ち6局

忙しい5月第3週、2回目の局めぐりです。まず今日から3日間、浅草春の最大のイベント・三社祭が始まります。9：07、79西浅草局。大きく報道もされましたが、近年神輿の上に乗ることが問題化し、08年は名物の本社神輿渡御が中止に。人出が減ると心配されましたが、17日（土）の町内神輿連合渡御に行くとものすごい混雑で見ている方も汗だく。浅草寺本堂西側に待機した氏子44町の神輿が、本堂裏を通って東側の浅草神社まで進みます（そもそも三社祭は浅草寺でなく浅草神社の祭なので）。町会毎に掛け声で「うちが一番盛り上がってるぞ」とアピール。神輿は同じ場所で何度も足踏みをして担ぎ上げ、見せ場をつくるのが醍醐味なんですね。その点、子供神輿はスタスタ歩いて一刻も早く目的地に着こうとするのが可愛らしいです。浅草神社に奉納した後は街を練り歩き、夕方になると担ぎ終えた男たちが屋台の周りで酒盛りを始めます。もろ肌を脱いだ肩が赤くこぶのように盛り上がって勇ましい。結局、事前のマイナス報道が逆に注目を集めたようで、観客数は例年より20万人多い170万人に昇りました。

ページの構成上、17：50に行った80足立北局を先に紹介します。5月16日は、小林一茶が「やせ蛙まけるな一茶これにあり」の句を詠んだ日であるとも言われています。『自選句集』に「むさしの国竹の塚というに、蛙たたかいありけるに、みにまかる、4月20日也けり。」とあることが根拠ですが（新暦に換算すると5月16日）、実際に「やせ蛙」の句を詠んだのは1816年、地元長野でのことだとも言われています。

78 江戸川南葛西六局

99.11.1

富士公園、フラワーガーデンのバラ（P196）

富士公園もフラワーガーデンも総合レクリエーション公園の一部。園内を結ぶシャトルバスが風景印と形状が違うので車掌さんに聞いたら、これは「元気くん」で図案は「未来くん」だと判明。

77 江戸川局

81.10.12

高速７号と小松川橋、一之江名主屋敷、区花さつき（P196）

一之江名主屋敷は江戸時代に新田を開発した田島家の居宅で1770年代に建設。屋敷の中に林、畑、庭園を備えた中世土豪的屋敷構えが特徴。刀で斬りかかられぬよう天井が低くなっていたり、家屋に施された工夫が興味深いです。10：00 ～ 16：00、月休、大人100円。

76 元浅草局

90.4.28

斎藤茂吉の歌碑（P180 ）

碑には長崎在住時代に浅草を懐しんで詠んだ「浅草の三筋町なるおもひでもうたかたの如や過ぎゆく光の如や」が刻まれています。

80 足立北局

74.10.12

浅草三社祭と雷門、つくばエクスプレス（P180）

ちなみに祭事道具店をのぞいたところ、大型の神輿が一台1060万円、をセール期間中で630万円だとか。町内会の人にとって神輿は大事な宝ですね。

79 西浅草局

05.11.15

小林一茶句碑と炎天寺（P195）

相撲を取る蛙の他、境内のあちこちに蛙の像がありました。09年同日に一茶の切手で再集印。

09年5月17日、復活した本社神輿渡御。宮出しは早朝6時からなのに黒山の人だかりです。担ぎ手が可哀相なくらいの大雨でしたが、熱気はすごい。雷門前にて。

新暦5月16日は松尾芭蕉が『奥の細道』紀行に旅立った日であり、今日は都内の芭蕉にまつわる風景印も集めてまわるつもりです。9：55、81文京関口一局。史蹟関口芭蕉庵は神田川のほとりにありますが、芭蕉は1677〜80年、神田上水の水道工事の監督を行ないながらここで暮らしました。俳人・松尾芭蕉が今の神田川建設の一部を担っていたなんて教科書では習わなかった事実です。図案の建物は1726年の三十三回忌に弟子たちがつくった芭蕉像を安置している芭蕉堂で、普段は写真のように扉は閉じています。句碑はかの有名な「古池や蛙飛込む水の音」ですが、個人的にはこの地にいたころに早稲田の田園風景を詠んだという「五月雨にかくれぬものや瀬田の橋」を図案にした方が相応しいのではないかという気がします。

関口の次に庵を結び、1680〜94年に断続的に住んだのが深川です。11：40、82深川局。図案の句碑は清澄庭園の中にありますが、実物を見たところこの碑がデカい！目測で幅4m、高さ2mほどもあり、こんな大きな句碑は初めて見ました。そしてこの近所にあるのが門人・鯉屋杉風の別宅、採茶庵跡です。芭蕉は1689年に庵を人に譲り、奥の細道紀行に出るまでの間ここに身を寄せました。そういう場所なので風景印にも「草の戸も住替る代ぞ雛の家」の句が入っているとうれしいのですがね。

14：25、83森下町局。深川局と同じ「古池や」の句碑なのに形が違うなと『風景スタンプ集』を見て不思議に思っていましたが、それもそのはず、こちらは江東区芭蕉記念館の敷地内にある別の句碑でした。記念館では最近発見された芭蕉直筆の手紙などの他、芭蕉の旅装束も展示されていたのですが、結構な重ね着。隣で見ていたおじさんと「こんなの着てたんですかね」「暑くないんですかね？」と言い合いました。当日は初夏を思わせる暑さで、こんな気候の中を芭蕉は旅立ったのだなと実感できたのもよかったです（地球が温暖化していない当時はもう少し涼しかったのかもしれませんが……）。

千住に移動して15：45、84足立仲町局。図案の矢立初の碑は千住大橋の袂にあり、有名な「行春《ゆくはる》や鳥啼《とりなき》魚の目は泪」が刻まれています。芭蕉は深川から乗った舟をここで降り、弟子たちに見送られて奥の細道紀行へと踏み出しました。生涯を旅に捧げた芭蕉は、日常に忙殺される現代人には憧れの存在。私も大いに芭蕉に憧れる一人ですが、その旅立ちの一歩目だけでも味わうことができたのはうれしかったです。本当の旅に出たくなっちゃいます。

愛されているゆえに全国各地に芭蕉の句碑が存在しますが、わかりやすさからか「古池や」が多いようで、風景印も「古池や」ばかりなのが残念。81や82で書いたように、それぞれの土地に縁の深い句碑が風景印に描かれているとなお楽しいですよね。

90.11.30

82 深川局

96.8.8

81 文京関口一局

清澄庭園の芭蕉句碑、清洲橋、富岡八幡宮（P183）

清澄庭園は一説には紀伊国屋文左衛門の下屋敷だったそう。明治に岩崎弥太郎が購入し、深川親睦園を開いたのが庭園の始まり。9：00～17：00、大人150円。採茶庵跡には現代住居風の小屋が建てられて、縁側に芭蕉翁が座っているユニークな光景が見られます（P 6）。

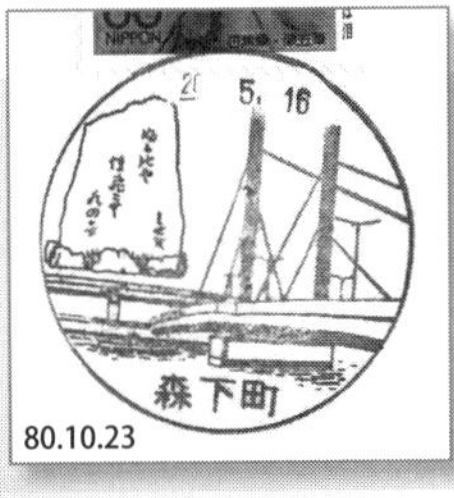

80.10.23

83 森下町局

関口芭蕉庵の芭蕉堂と句碑（P179）

10：00～16：30、月火休。

芭蕉記念館、新大橋（P183）

江東区芭蕉記念館は9：30～17：00、第2・4月休、大人100円。深川芭蕉庵があった場所は現在は芭蕉稲荷大明神となっていて、多数の赤いのぼりに驚かされます。隅田川岸には記念館分館と屋外展望台。関口といい深川といい、芭蕉は川の傍が好きだったんでしょうね。

奥の細道矢立初の碑、富士山、区木桜と区花チューリップ（P195）

千住大橋は日光街道にあり、芭蕉は写真でいうと手前の方、日光方面に向かって歩き始めたのです。

00.9.5

84 足立仲町局

清澄周辺ではゆかりの地を訪ね歩く団体を多数目撃。写真は芭蕉記念館が主催したツアーで、見事な芭蕉の扮装をした人はゲストでなく一般の参加者だとか。ここまで入れ込むファンの方はすごいですね！

◉5月23日（金）最高裁と旧古河庭園2局

仕事が佳境の中、どうしても今日行っておきたい2局だけ、夕方抜け出して訪問。16：05、❽❺最高裁判所内局。なぜ今日裁判所かといえば、34年前の今日、今の最高裁判所の庁舎が落成したからなんです。郵便局は庁舎の南側通用門を入った奥。守衛さんにここから入っていいのか聞くと「奥まで行ってください」と敬礼で見送ってくれました。郵便局に行くのに敬礼されるのも中々ないことだと思います。風景印の図案は74（昭和49）年の記念切手と同じ角度で描いていますが、よく見ると空の雲の形まで同じで、この切手をベースにしているに違いありません。

16：55、❽❻西ヶ原局。駒込にある旧古河庭園では5月中旬から下旬にかけてバラ園のライトアップと21時まで延長開園を行ないます。風景印には残念ながらバラは描かれていないのですが、せっかく行くならこの時期でしょう。

旧古河庭園は明治の元勲・陸奥宗光の別邸でしたが、その次男が古河財閥の養子になった際に古河家の所有となり、56（昭和31）年より一般公開しています。洋館はニコライ堂と同じ英国人建築家コンドルが手がけたもの。週末ということもあり、夜になるにつれて非常に来園者が増えてきました。私も夜気《やき》に当たってきれいなバラを見て、仕事で疲れた脳をしっかりリフレッシュ。風景印散歩にはそんな効果もあるのです。

コラム2 手紙に押したい風景印

風景印は集めるだけでなく、手紙に押すことでより楽しみが増します。例えば転居挨拶。私は新宿に越した時に❷❹⓿新宿局の風景印で「こんなところに越してきました」と自慢しましたが（実際に私が住んでいるのはこんな近代的なところではない）、自分の住む街を伝えるのに風景印はうってつけです。年賀状や結婚式の案内状なら❸❷❾代々木局。暑中見舞いには花火図案の❶❻❶両国局など。クリスマスカードには❷❾⓿神田局のニコライ堂か？　結婚記念日には❷❸❽新宿アイランド局のハート型で奥さんに手紙を出せば、日頃は肩身の狭いお父さんの株も少しは上がるかも。ラブレターにもよいですが、❸⓿❺文京白山下局の八百屋お七なら更に情熱的なラブレターになりそう。❸⓿❼本郷四局は東大受験生に出してあげる人が多いそうですし、❷❽❽豪徳寺駅前局の招き猫ならどんな時にも縁起よし。還暦のお祝いには❾❻サンシャイン60内局（輝しい60歳）なんていかが。お見舞には病気治癒を願ってすすきみみずく図案の❷❹❾豊島局。苦境に立たされている人に❽⓿足立北局のやせ蛙で出せば、さり気ない応援の手紙になるのでは。本好きは❷❽❾小川町局、歌舞伎好きは❸❻❽京橋局などを使えば自分らしさを演出できるでしょう。ぜひ、いろいろ使い方を考えてみてください。

85 最高裁判所内局

最高裁判所庁舎（P171）
三宅坂から写したのがこの写真です。建物が樹木に隠れて、34 年前と比べてだいぶ木が育ったことがわかります。

1年後の 09 年5月 21 日、裁判員制度施行の日も押印しました。女性局員さんによれば朝から大勢押しに来たそうです。風景印も再配備されたらしく印影がクリアに。

86 西ヶ原局

旧古河庭園（P192）
9：00 ～ 17：00、大人 150 円。名物のバラのアイスクリームはミルク味にバラの花びらが混ざっていて上品な味わいでした。

コラム3 幻の宮内庁内局

本書の中で唯一訪問できなかった（郵頼した）62宮内庁内局ですが、09（平成21）年4月10日、天皇皇后両陛下御成婚満五十年記念切手の発売日に、京橋局で消印サービスが行なわれました。実はこの機に、皇居外苑辺りにテントで臨時出張所が出るのではないかと予測（願望）しており、少し違う形ですが、目の前で宮内庁内局の風景印を押してもらうことができました。その後、宮中で受け付けていた記帳にも出かけましたが、この宮内庁舎の中に郵便局があるんだなと思わず想像してしまいました。記帳は本当に大勢の方が来場していて、お二人は平成の天皇皇后ですが、昭和の日本の優しさを今も身にまとっているから、国民に愛されるのだろうなと感じました。

◉5月30日（金）サンシャインの足下で10局

ようやく仕事から解放されたので、局数を稼ごうと雨の中を池袋にやって来ました。「池袋駅周辺の風景」という類似図案の風景印を集中使用している地域です。

10：00、87池袋本町局。10：15、88池袋本町三局。JR板橋駅から池袋方面に戻るように南進すると、池袋の近くにこんな下町っぽい商店街があるのか、という場所に2局とも存在します。

10：55、89池袋四局。川越街道を越えると、いよいよ風景印の中に高くそびえる塔、清掃工場の煙突が近づいてきました。この一連の風景印は、各郵便局の所在地から池袋の中心地を見た図案ではないかという説もありますが、現地を歩いてみると、そういう厳密なものでなく、デザイナーさんのセンスで配置されたことがわかります。

11：45、90上池袋局。私、風景印の右端にある建物は池袋駅の駅ビル（パルコ）かと思っていたのですが、実際は煙突と一体の建物「豊島区立健康プラザとしま」だったのですね。昔この場所には有名なマンモスプールがありましたが、今は清掃工場と廃熱を利用したスポーツ施設になっています。

12：05、91池袋駅前局は豊島区役所の並びにあります。風景印のもうひとつのメインモチーフであるサンシャイン60も見えてきます。

12：40、92池袋サンシャイン通局。少し歩くと、小さな飲み屋がひしめく人生横丁があります。正確に言うと、ありました。この時はまだ営業していたのですが、08年7月いっぱいでいっせいに閉店してしまいました。やがて再開発されて、庶民的な街並みとサンシャインのコントラストも見られなくなってしまうのでしょう。残念。

13：30、93南池袋局。13：55、94池袋グリーン通局。池袋から少し離れただけなのに、だいぶ閑静になってきました。ここで使ったのは83（昭和58）年発行の「日本列島クリーン運動」の記念切手。グリーン通とクリーン運動。ダジャレのようですが、今日5月30日は「ゴミゼロの日」。そして風景印に描かれているのはゴミ処理場。ただのオヤジギャグではなく、三位一体でエコ活動を表現したかったのです……なんつーて。

14：25、95東池袋局。もうここまで来ると池袋のはずれ。都電荒川線の線路が通り、植木が並ぶ下町の路地。そんな街もサンシャイン60が見下ろしています。15：00、遂に本丸までやって来ました。96サンシャイン60内局で押印後に60階にある展望台に昇りました。海抜２５１ｍの高さから清掃工場をはじめ、今日歩いてきた池袋の街並みが見下ろせます。当時は09年5月に閉店した三越もまだ営業中でした。今日は1日、曇り時々雨。もうすぐ梅雨の季節です。

94 池袋グリーン通局

90 上池袋局

89 池袋四局

88 池袋本町三局

87 池袋本町局

95 東池袋局

93 南池袋局

92 池袋サンシャイン通局

91 池袋駅前局

96 サンシャイン 60 内局

池袋駅周辺の風景、サンシャイン 60、区花つつじ（P190 ～ 191）

人生横丁とサンシャイン。

サンシャイン 60、高速道路（P190）

サンシャイン 60 の展望台は 10：00 ～21：30、大人 620 円。上池袋局で男性局員さんと雑談をしていたら、多くのコレクターは私とは逆に池袋駅から外周の郵便局へとまわるのだそう。実はこれ鋭いご指摘で、私は何事も外枠から近づいて、本命を最後に取っておくタイプ。街歩きにも性格が出るもんなんですねえ……。

コラム4

風景印は誰が押す？

よく窓口で聞かれるのが「ご自分で押しますか？」ということ。あるいは「ご自分でお願いします」と有無を言わせず風景印を握らせる局員さんもいます。本来は公印なので、局員以外は押せないのが原則ですが、近年は局員が見ている前でなら客が押してもOKというのが慣例のようです。私は不器用なので、できれば局員さんにお任せしたいタイプでしたが、中には本当に苦手な局員さんもいらして、最近は「同じ失敗するなら自分で失敗した方が納得が行く」と思い、聞かれた時は自分で押すようにしています。図柄をよく出そうとして何度も押し付けると却ってブレてしまうので、「インクをしっかり付けたらグッと一押し」で挑戦してみてください。

　意外に聞かれるのが「スタンプは切手にかけちゃっていいですか？」というもの。風景印は消印なので、切手部分にかけないといけないのですが、案外局員さんでもその認識がない方がいるようです。最低50円以上の縛りの中でいかに切手を組み合わせるかも工夫のしどころ。実は174のさぎ草は41円だということを忘れて用意して、そのまま局員さんもスルーしちゃった例なのですが、本来なら9円以上の切手を貼り足さねばいけませんでした。

コラム5

意外とゲリラな風景印

　日本郵政は元は郵政省という官庁だったので、風景印も行政的に秩序だててつくっていると思いがちですが、意外とその設置はゲリラ的なんです。例えば巻末の地図を見れば一目瞭然ですが、区によって最多の中央区が50局（09年8月現在は49局）も使用しているのに対し、最少の中野区、荒川区は4局だけというバラつきからも、そのことは窺えます。設置の第一歩は各郵便局の意志で、風景印を使用したいと本社に申請して認められれば設置されますし、積極的に舵取りをする人物がいれば、地域の局が一斉に使用開始するケースもあります。デザインに関しても、最近は各局が懇意にしている地元のデザイナーに頼むことが多いようで、絵のタッチも必ずしも一定ではありません。

　でも1年間の風景印散歩を通して感じたのは、実はこの自然発生的な設置方法が、風景印を面白くしているのではないかということです。題材には日本国民なら誰でも知っている東京タワーのようなものもあれば、片や地元の人すら知らないマイナーなものもありますが、だからこそ調べるほどに新発見があります。もし題材すべてが国宝級のものばかりだったら、ここまで楽しめたかわかりません。

　わずか数年で図案が改正される局がある一方で、290神田、298麻布、31本郷局のように約60年間も同じ図案で使用し続けている局もあります。今回、題材を探索するのに苦労した228板橋、222千歳局は共に約30年前にデザインされた図案ですが、局員さんに問い合わせても詳細は不明でした。最初は正直、無秩序だなあと思いましたが、30年といえば若手だった局員さんが定年退職するくらいの年数で、設置当時の情報が正確に伝達されていなくても仕方がないと思い直しました。

　そしてこの「程よい無秩序」のおかげで、私は先祖が残した古地図で宝探しをするようなプチ探検を味わうこともできたわけです。私が調査したのは東京23区の分だけですが、これが47都道府県分あるのだと思うと、まだまだ未開のジャングルがあるようでワクワクします。ぜひ本書を読んだ他県在住の方も、それぞれの県で風景印探検を楽しんでいただければと思います。

夏

祭りだ、花火だ、
東京だ

6月
雨ニモ負ケズ花メグリ

7月
花火大会で夏本番

8月
行く夏を惜しむ阿波踊り

6月◉雨ニモ負ケズ花メグリ

◉2008年6月2日（月）幻の花を求めて8局

曇り空の下、まずは97日本橋茅場町局へ。9：20、訪局。東京都内でなぜ鈴らんの花かと言えば、近くに鈴らん通りという商店街があるから。全国に数ある鈴らん通りの中には、小さな店が軒を並べる様子を鈴らんの花に見立てているところもありますが（吉祥寺のハモニカ横丁のように）、歴史のありそうな呉服店でご主人に聞くと「この通りに戦前から建っていた鈴らん灯が名前に残っている」が正解だそう。今ではその鈴らん灯も撤去されたので、まさに幻の花の風景印です。今の街灯もお洒落ですが、鈴らん灯の点いたこの通りを見てみたかったです。

そして今日のメインは足立区。98足立興野《おきの》局の風景印にはテッセンという耳慣れない花が描かれています。ネットで検索しても有効な情報がヒットせず、局に電話したところ、かつては区内の園芸農家で多く栽培していた花だそう。そして親切な局長さん、「農園の柵の外からでよかったらご案内しますよ」とおっしゃってくださったのです。11：20、近所の農家に引率していただくと、見えました紫色の花が。この風景印は先代の局長さんが地域ゆかりの花を図案にしようと思ったのと、都内に他にテッセン図案の風景印がなかったことから決定したそうです。ただの趣味の問い合せに、ここまで親切に対応してくださった局長さんには深く感謝です。ありがとうございました！

13：05、99足立西加平《にしかへい》局。14：35、100足立東和局。ともにしょうぶ沼公園の花菖蒲を描いています。花菖蒲というと水が清いところに咲くイメージがあったのですが、都内でも意外と名所が見つかります。16：50、101足立柳原局。こちらの柳原千草園は園内が春、夏、秋冬の３つのエリアに分かれていて四季折々の花が見られます。

訪ねた順は逆ですが、15：40、102足立中居局にはニッコウキスゲが描かれています。「もっと涼しいところで咲く花なので、この辺では見たことないですね」と局長さん。ではなぜ図案になっているかというと、局の前を走っているのが日光街道だから。今の季節、この道を北上すればニッコウキスゲの花に出会えるんだろうなあと、思いを馳せさせてくれる風景印なのです。稀少なテッセン、実際には存在しない鈴らん、ニッコウキスゲと、6月の幻の花を3つも風景印で採集できた1日でした。

⓾ 足立中居局

ニッコウキスゲと日光街道、千住祭の神輿　(P195)
写真の大通りが日光街道。

⓿ 足立柳原局

柳原千草園（P195）

❾ 日本橋茅場町局

鈴らんと日本橋、桜、宝井其角住居跡碑　(P172)
宝井其角は芭門十哲と呼ばれた松尾芭蕉の高弟の1人で、大の酒好きで句風も派手なユニークな俳人だったよう。芭蕉庵があった清澄と茅場町は隅田川を挟んですぐ近く。

❾ 足立興野局

テッセン、興野神社の大銀杏、荒川と扇大橋　(P195)
テッセンの花は想像よりも大きくて、渋めの上品な紫。来日したエリザベス女王に贈られたことも。ここ10年ほどでマンション建設が進み、園芸農家の多くは撤退してしまいました。

⓿ 足立東和局

❾ 足立西加平局

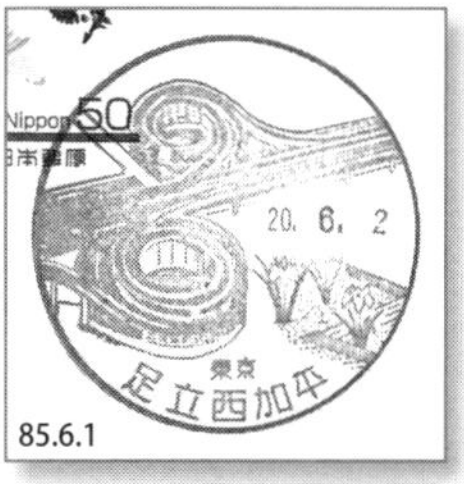

しょうぶ沼公園の花菖蒲と加平インターチェンジ（P195）
写真左の高速の出入口が図案の渦巻部分の片方。

しょうぶ沼公園（P195）
しょうぶ沼公園は、水田が苗付けした年次で細かく区画整理されています。

幻の花のおまけであと2局。16：00、5月16日の芭蕉旅でも千住大橋に来ましたが、時間がなくて寄れなかった(103)千住河原局へ。その際はこの近辺にもあるという芭蕉像を見つけられなかったのですが、局員さんに聞くと「局の裏です」と外まで出て道を教えてくれました。芭蕉像が建つポケットパークのあるこの道は(102)でお見せした日光街道より1本東に入った裏道ですが、江戸時代はこちらが日光街道で、芭蕉さんが歩いたのもこちらの道。周囲は「やっちゃ場」と呼ばれる市場で賑わっていました（現在も都中央卸売市場がある）。この旧日光街道の入口、ほんの３００ｍ程度のエリアですが、各家の軒先に「ここは江戸時代は○○屋でした」という解説が貼られていて、この一画全体が屋外博物館のようなんです。江戸期にタイムスリップしたようで、歴史好きにはおすすめの場所です。

17：40、集配局なのでまだ開いています(104)足立局。図案の漆喰彫刻は千住大橋の袂の橋戸神社にあります。漆喰彫刻とは左官の技術を使った鏝絵《こてえ》で、その第一人者である伊豆長八が１８６３年に制作した作品。実物は年に数回しか見られませんが、レプリカは常時見られます。風景印には母子の狐が描かれていますが、実物は2枚1組で、対になる父狐の写真を掲載しておきます。

◉6月9日（月）祭の後、雨の紫陽花8局

東京の夏はたくさんの祭が開催されますが、その始まりを告げる存在と言ってもいいのが、浅草・鳥越神社の例大祭です。目玉の一千貫神輿渡御は昨日6月8日（日）でした。19時スタートの30分程前に着いたのですが、あっという間に蔵前橋通り沿道は見物客で一杯に。やがて警官や先導の提灯が通り、法被姿の若衆が慌しく走り始めて、今にも喧嘩でも起こりそうな緊迫した空気。神輿が近づいてくると、見物客は人を押し退けても見ようとして客の頭が邪魔（私の頭も後ろの人の邪魔）。神輿は何度も崩れました。何せ一千貫というのは３７５０kg、それを人力で上げるというのだから担ぐ方も見る方も荒々しい気持ちになるわけです。そして崩れた神輿が持ち上がると周りから大きな歓声が沸き起こり、夏到来です！　だけど一夜明けた今日は、昨夜の熱気が嘘のように静かな鳥越神社。祭の後とはこのことだと思いました。10：30、(105)鳥越神社前局。

逆順で9：50、(106)くらまえ橋局。描かれているのは蔵前橋の袂にある「首尾の松」。江戸時代には約１００ｍ川下にあったそうで、植替えを繰り返しながら現在は7代目。名前の由来には複数説がありますが、ひとつは吉原に遊びに行った男たちが、この松の陰で「首尾」を語ったというもの。(56)の「見返り柳」同様、吉原に所縁の木なのです。現代なら「どこそこのコンビニ」が目印になるんでしょうけど、当時は背の高い木が、今以上に庶民の生活の目印になっていたのではないでしょうか。

⑩③ 千住河原局

千住大橋周辺（P195）

足立局のベテランの男性局員さんに風景印を頼むと、懐かしそうに「昔は切手趣味の人にいろいろ教えてもらったなあ。局の会議室で関東郵趣連合が会合を開いていたんですよ」と。それを聞いて思い出しました。私も今から 20 年以上前、中学生の頃にここに来てその会合に参加したことがあったんです。懐かしすぎる。「マニアの人が皆、札束持って切手の交換会をしていたよね」としみじみ。こんなところで切手少年だった頃の思い出話ができるとは思いもよりませんでした。

⑩④ 足立局

奥の細道矢立て初の碑と千住大橋、橋戸神社の漆喰彫刻（P195）

⑩⑤ 鳥越神社前局

鳥越神社の一千貫神輿、蔵前橋（P180）

この風景印、神輿を担ぐ人がすっごく細かく描かれているんです。ざっと数えて 30 人くらいがそれぞれ別の動きをしていて、ここまで細かい風景印も珍しい。

⑩⑥ くらまえ橋局

首尾の松、蔵前橋（P180）

翌朝の神輿。人と比べると一千貫神輿の大きさがわかっていただけるのでは。

都バスを乗り継いで文京区にやって来ました。11：20、(107)文京千駄木三局。図案の須藤公園は金沢藩の支藩の下屋敷だった場所で、晴れた日には東京湾を隔てて房総半島の山々まで見渡せたと言います。非常にこぢんまりと美しい和風庭園で、人も少なく静か。雨が降ってきました。

12：50、(108)本駒込二局。13：25、(109)文京千石局。ともに六義園が題材。(54)中里局もそうでしたが、六義園って四季の花が少しずつ配されていて、ひとつの花に特化できないのが良し悪し。今の時期なら紫陽花と遅ればせながらのさつきです。ところで、文京千石局では感じのいい男性局員さんに「為替番号（P21）順にまわっているんですか?」と聞かれました。「前にその番号順に局をまわっているお客さんがいらっしゃったんですけど、都内でも5番は○○区、6番は△△区というように離れているんです。それを何十年がかりで順番で集めていらっしゃるそうで、押印を失敗しちゃいけないと緊張しました」とか。ひえ〜、いろんな収集家の方がいますが、その話には脱帽です。

だいぶ雨足が強くなってきて、骨の折れた傘ではしのげなくなってきたので、ビニール傘を購入。13：50、(110)文京白山五局。この風景印には大きな謎がありました。『風景スタンプ集』には「鶏戸の井」とあるのですがネット検索してもまったく引っかからないのです。多分誤植だろうけど何の？　花の鶏頭《けいとう》と打つつもりが鶏戸《けいと》になってしまった？　……などと想像していたのですが、女性局員さんが出してくれた図案のメモを見ると「鶏声の井」が正解でした。局長さんに教わった通り行くと、京華学園の前に碑も見つかり、はあ、これでスッキリした。

さて、白山神社では6月初〜中旬に「文京あじさいまつり」が開かれ、約3千株の花が見られます。紫陽花って儚げなイメージがあったのですが、意外と花びらが肉厚でしっかりしているんですね。色や形も思っていた以上にバリエーションがあると知りました。境内をまわっている間に雨も止み、滴が光ってますます花がきれいです（P2）。

15：45、(111)小石川一局。図案の旧東京医学校本館は(13)で行った小石川植物園に隣接しています。東大関連では現存する最古の学校建築で、01（平成13）年からは「東京大学総合研究博物館小石川分館」として公開しています。

16：30、本当は大塚三局に行くつもりだったのですが、うっかり勘違いし、(112)小石川五局に行ってしまいました。さらに大塚三局に行き直すつもりで大塚二局に歩いてしまい、17時で閉局。地図にマーキングしていたのですが、疲れてくると注意力が散漫になります。その後、教育の森公園を撮影しようとしたら冗談みたいな大雨に。公園にいた人たちも皆、スポーツセンターに避難し、建物の前は川のよう。集印できないわ、撮影できないわで、ああ、今日は思い通りに行かないなあ。こんな日もあります。

97.1.20

⑩⑦ 文京千駄木三局

須藤公園三段の滝と石灯篭と亀（P178）
女性局員さんが風景印の道具をお菓子の空き缶から大事そうに取り出しましたが、大切に管理しているらしく印影も極めて美麗。

96.8.8

⑩⑧ 本駒込二局

六義園内庭大門と田鶴橋、区木銀杏（P178）

96.8.8

⑩⑨ 文京千石局

六義園田鶴橋（P179）

96.8.8

⑪⓪ 文京白山五局

紫陽花と鶏声の井跡碑（P178）

鶏声の井とは、夜毎鶏の鳴き声が聞こえるので、それを頼りに古河藩主下屋敷の庭を掘ったところ、金の鶏が見つかったという、縁起のいい伝説にまつわるものでした。やや印影がブレていたので 09 年に再集印。

旧東京医学校本館と小石川植物園（P178）
東京大学総合研究博物館小石川分館は木～日、休日開館 10：00 ～ 16：30。学術標本を展示し、解説が少ないのが当館の特徴。照明も抑え目で、ここだけが世界から遮断されたように静謐で魅力的な空間です。

96.8.8

⑪① 小石川一局

96.8.8

⑪② 小石川五局

教育の森公園と文京スポーツセンター（P179）

◉6月16日（月）祝・副都心線開通7＋1局

今日は6月14日（土）に開業したばかりの東京メトロ副都心線を途中下車しながら風景印を集めます。つまり副都心線に乗れば、風景印のような景色が見てまわれるということです。9：10、まずは終着駅の渋谷で、おなじみ忠犬ハチ公像が描かれた113**渋谷神南局**から。

1駅乗って11：50、114**原宿駅前局**へ。これまで「原宿駅前局」といいながら駅から離れているなと感じていましたが、今回の副都心線開業により、むしろ「明治神宮前駅前局」が相応しい位置になりました。風景印に描かれているのは明治神宮御苑の花菖蒲です。1893（明治26）年に明治天皇が皇太后のために植えたのが始まりで、現在は約150種1500株が咲いています。ツアーのお客さんやスケッチブックを広げている人も多く、菖蒲田が遠くまで見渡せる光景にプチ尾瀬気分を味わえます（本物の尾瀬に行ったことはないのですが）。

5駅乗ると、これまで都電の駅しかなかった雑司が谷。12：40、115**雑司《ぞうし》が谷《や》局**は開通後初営業日なので、風景印を押しに来たお客さんがいたか聞くと「来るかと思っていたんですけど、まだです。うちは素通り駅みたいです」と残念そうな女性局員さん。でも、私の次の女性が風景印のお客さんでした。図案に描かれているのは鬼子母神の欅《けやき》並木。緑の葉が涼しげに感じられる季節になりました。

次の池袋駅から池袋圏に突入。5月7日や30日にはまわらずに取っておいた局を訪ねます。13：15、116**池袋局**。渋谷や新宿三丁目などでは近未来的な駅に瞠目させられてきましたが、池袋駅は工事が間に合わなかったのか、天井の配管が見えていたり、壁や柱にカバーがかかっていたり。際どい開業だったのかもしれません。

13：45、要町駅に一番近い117**豊島要町一局**。14：20、千川駅に近い118**豊島千川駅前局**。

次は成増駅から近いとも言い難いのですが、119**赤塚三局**へ。15：05訪局。風景印の題材の現地に行ってみると時々新たな発見がありますが、ここがまさにそうでした。事前の情報では松月院という寺だとしかわかってなかったのですが、境内に入ると青サビの浮いた異彩を放つオブジェが。これ、実は大砲なんです（P8）。こんな静かな寺と大砲という組み合わせに意表を突かれますが、徳丸が原で日本初の西洋式砲術を指揮した高島秋帆を顕彰する記念碑で、碑の足元にあるのは火焔砲弾です。燃えちゃってます。思わず確認すると風景印の左側にもこの碑が描かれていました。武器にまつわる題材が描かれた風景印も極めて珍しいと思います。

16：50、埼玉県下ですが副都心線の始発駅なので、番外で**和光局**へ。渋谷から和光市まで各駅停車で35分、様々な顔を持つ新路線の誕生を見てまわった1日でした。

⑬ 渋谷神南局

87.2.16

忠犬ハチ公像、代々木競技場、明治神宮と森（P188）

ハチ公の主人は東京帝大農学部の上野英三郎博士。彼が 24（大正 13）年に亡くなった後、浅草、代々木と住まいが変わっても博士を迎えに渋谷駅の改札口に通ったといいます。渋谷駅のハチ公像が 34（昭和9）年に建てられた時はまだ当人（犬）は生きており、除幕式にはハチ公も立ち会ったそうです。

⑭ 原宿駅前局

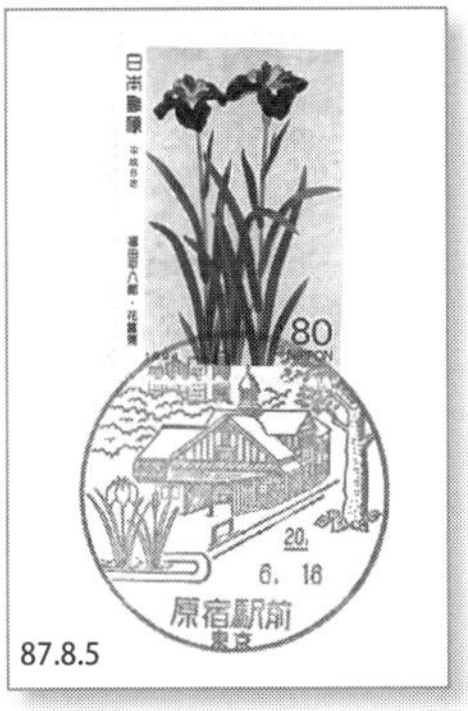

87.8.5

花菖蒲、原宿駅と欅、新宿高層ビル群（P188）

原宿駅は 25（大正 14）年竣工の都内で現存する最古の木造駅舎。

⑮ 雑司が谷局

99.11.11

欅並木とすすきみみずく、区花つつじ（P191）

⑱ 豊島千川駅前局

99.11.11

⑰ 豊島要町一局

99.11.11

千川親水公園と浅間神社、区花つつじ（P191）

⑯ 池袋局

99.11.11

池袋駅周辺の風景、サンシャイン 60、区花つつじ（P190）

番外 和光局

84.3.23

吹上観音の鰐口、百庚申塚、市木銀杏

⑲ 赤塚三局

05.2.25

松月院と高島秋帆顕彰碑（P193）

まだ工事途中の池袋駅通路。

新宿三丁目駅は駅の通路からガラス張りでホームや電車が見下ろせます。

◉6月17日（火）葛飾の花菖蒲5局

足立、明治神宮に続く花菖蒲第3弾。9：50、⑳葛飾東金町五局、11：30、㉑葛飾水元局。葛飾区では6月に区をあげて「葛飾菖蒲まつり」が開かれますが、その会場のひとつが都内唯一の水郷と称される水元公園。約80種1万4千株が咲き競い、青々とした草地に紫の絨毯が広がったような光景は壮観です（P3）。菖蒲田の近くには緋毛氈が鮮やかな茶屋も出ていて、まんじゅうとお茶、甘酒とせんべいなどのセットが200円。かなりひかれたのですが、まだ2局しかまわっていないのにくつろいでしまうと、立ち上がりたくなくなりそうなので、ぐっと我慢。

13：30、㉒葛飾堀切局。もうひとつの会場は堀切菖蒲園。6千株ですが品種は200種と多く、菖蒲図鑑のような趣です。堀切の花菖蒲は江戸時代から有名で歌川広重らが浮世絵にも描いていました。江戸末期から明治にかけていくつかの菖蒲園が開園した中のひとつが、今の堀切菖蒲園の元になったそうです。現在も園内は江戸の風情がありますが、ふと南方を見上げると高速道路が。都市化する街にひっそりと残る花の名所、大切にしてほしいものです。

その高速を東に進み、綾瀬川と中川が合流するところに、㉓葛飾東四つ木局に描かれたS字カーブがあります。16：00、訪局。ここまで道路メインの風景印も珍しいです。上空からの写真は撮れないので、下から見上げて撮影。続いて㉔葛飾局に描かれているハープは、ちょうどこのS字の部分の上に載っています。それぞれ別の題材と思っていたら同じ場所だったのでびっくりしました。16：25、訪局。図案にはさらにシンフォニーヒルズという音楽ホールの前に建つモーツァルト像も。なぜモーツァルトかといえば、ウィーン市長が来日の際、機内で映画『男はつらいよ』を見て感激し、柴又を流れる江戸川とドナウ川の風景も似ていたことから友好都市提携を結んだのがきっかけ。この像も世界で唯一オーストリア共和国の許可を受けたウィーン市の像の完全複製なんだそうです。そういえば寅さんが湯布院と間違えてウィーンに行っちゃう話がありましたが（第41作「寅次郎心の旅路」）、あれも友好都市提携と関係があったのかな。

◉6月24日（火）梅雨の晴れ間、杉並から目黒へ9局

9：05、㉕杉並和田局。開局直後に到着すると「おはようございます」と局員さんからいっせいに声がかかり、気持ちがいい局です。妙法寺の境内に入ると、近所の男性が「今日は暑くなってきたね」と挨拶してくれて、梅雨の晴れ間の夏日です。図案の鉄門は、鹿鳴館やニコライ堂も手がけたJ・コンドル博士の設計によるもので、1878（明治11）年建築。和洋折衷のデザインがとても斬新で、鳳凰の目が笑っているように見えるのも妙にインパクトがあります（P8）。杉並にこんな名所があったんですね。

❶❷❶ 葛飾水元局

❶❷⓿ 葛飾東金町五局

花菖蒲と松浦の鐘、水元公園の橋（P196）

都内では桜の図案が断トツに多いですが、次はつつじか花菖蒲ではないでしょうか。東京が川に囲まれ水に恵まれた都市であることの証です。

❶❷❸ 葛飾東四つ木局

首都高S字型曲線斜張橋（P196）

❶❷❷ 葛飾堀切局

堀切菖蒲園（P196）

菖蒲まつりの時期は風景印の押印客が多いそう。女性局員さんと雑談しているうちに500円のレターセットを買ってしまいました。台紙には風景印が空押ししてありました。

妙法寺山門と鉄門（P189）

❶❷❺ 杉並和田局

❶❷❹ 葛飾局

モーツァルト像とハープ橋、花菖蒲（P196）

この風景印はモーツァルトはいるしハープ橋は写っているしで、「国際音楽の日」の切手がイメージに合うのではないかと思いました。

歩くだけで額に汗が浮き、局の冷房がありがたい季節になってきました。10：10、126杉並南局。両局に描かれている大宮八幡宮の菩提樹は、徳川家康の次男・松平秀康夫人の清涼院殿が植樹した木だから、樹齢は約400年。足元から幹が6股に分かれ、空に向かって見事に開いた木の大きさが歴史を感じさせます。この日は6月中～下旬に咲くという菩提樹の花が目当てだったのですが、来てみるともう落ちた茶色の花が地面にびっしり。一足遅かったようです。

今日のメインは菩提樹だったので、後は井の頭線で駒場東大前に出て、目黒区内の局をまわれるだけまわることにします。13：25、128目黒駒場局。風景印の洋館は東京都近代文学博物館として使用されていましたが、02（平成14）年に閉館。現在は本来の旧前田侯爵邸として一般公開しています。加賀藩主の系譜である前田家の本邸として29（昭和4）年に竣工し、戦後は連合軍に接収された時期もありました。内部の改装は少なく、大正から昭和にかけての上流階級の生活を今に伝えています。

14：35、129目黒東山一局。今から15年近く前、西郷山公園の並びにある出版社にわずか40日間だけ勤めたことがあるので、個人的には非常に懐かしい場所です。当時は由来を知らなかったのですが、ここはかつて西郷隆盛の弟・従道の別邸があった場所。建物自体は今は愛知県犬山市の明治村に保存されています。

15：00、130目黒東山二局。ごく普通のマンションの隣に、突如竪穴式住居（模型）が出現します。周辺では縄文中期から弥生後期までの遺跡が発掘されていますが、貝塚の貝は海生種で、当時は目黒川沿いの低地一帯がまだ海だったとわかります。発掘された住居址は直径6m前後の円形でこの広さに6人程度の人が住んでいたそうです。

15：45、131上目黒四局。風景印には蛇崩川という、おどろおどろしい名前の川が暗渠化してつくられた緑道が描かれています。かつてこの川で大蛇が暴れて土手が崩れたという伝説もありますが、実際には川の流れが赤土を崩して蛇行していたとの説が由来としては有力なようです。

16：25、132目黒五本木局。図案の葦毛塚古木を見に行ってみると、とても変わった光景が。数本の木が立つエリアが海の孤島のようにポツンと存在し、それを避けて道が左右に分かれ、エリアが終るとまた1本道に収束していきます。大事にされているんですね、この古木群。葦毛塚の由来は源頼朝の愛馬がこの地で沢に引き込まれた伝説に因んでいます。16：55、133目黒中町局。9局目にギリギリ間に合いました。図案は東横線の駅名にもなっている祐天寺です。江戸中期に祐天上人が開山し、弟子の祐海上人が創建した浄土宗の名刹で、徳川家と因縁が深いそうです。梅雨の合間をぬい、6月にまわった局は全37局でした。

大宮八幡宮菩提樹と和田堀公園（P189）
09年6月14日に再訪。小さな花も見られました。

❼杉並堀ノ内局

81.3.11

❼杉並南局

76.8.15

❽目黒駒場局

83.11.1

駒場公園内旧前田侯爵邸（P185）
駒場公園は9：00～16：30、月休。旧前田侯爵邸は同時間で水～日、祝開館。

❾目黒東山一局

00.5.15

西郷山公園（P185）
旧西郷従道住宅の切手で再集印。この切手の洋館が、かつてこの場所に建っていたんですね。西郷山公園は丘陵地を使った高低差の大きい公園で「山」と呼ぶに相応しい地形。

❿目黒東山二局

86.10.23

⓫上目黒四局

00.5.15

蛇崩川緑道（P185）

東山貝塚公園の復元竪穴式住居（P185）
風景印には赤ん坊を抱えた女性とその夫がいるように見えますが、実物の模型には両親と5歳くらいの少年の人形がいました。

⓬目黒五本木局

86.10.23

葦毛塚古木と守屋図書館（P185）

⓭目黒中町局

04.9.1

祐天寺（P184）

7月◉花火大会で夏本番

◉2008年7月1日（火）カルガモ狙いで平将門7局

7月最初の日、東京駅周辺にやってきました。9：25、オフィス街のせいか朝から混んでる134日本ビル内局。像が描かれた渋沢栄一は、大蔵省に任官した後、民間に出て第一国立銀行の頭取などを務めた日本近代経済の父のような存在。常に道徳と経済の合一を説いていたと言いますから高潔な人物だったのでしょう。像の表情も穏やかです。

八重洲から丸の内に移動。10：20、135丸の内センタービル内局。図案はご存知、東京駅の駅舎です。東京駅は14（大正3）年開業ですが、現在の2階建てを2010年度末を目指して創建当時の3階建てに復元中。完成の暁には風景印の図案も少し変わってくるのでは。

10：40、136大手町ビル内局。大手町ビル側からていぱーくを写すと、切手や風景印と同じ角度になります。137138を訪ねた後に、局まわりをひと休みして、ていぱーくを見学。郵便ファンなら絶対に見て損はない楽しい施設です。

11：05、137KDDI大手町ビル内局。今日の最大の目的はかつて話題となった「お濠のカルガモ」です。例年6～7月に三井物産前にあるプラザ池で子育てをした後、内堀通りを渡って皇居の濠に移動します。来てみると、プラザ池って本当に深さ数㎝ほどの水が張られただけの人工池なんですね。カルガモの姿は見当たらないので、思い切って三井物産の受付で聞くと、そばにいた守衛さんが詳しく教えてくれました。「今年ももう飛来していて3～4日前には見ました」。今はいないけど、もうお濠に移っちゃったんですか？「今の時間はどこかに移動しているんじゃないかな」。え、カルガモって一度お濠に移ったら、行ったきりじゃないんですか？「いえ、行ったり来たりしてるんですよ」。へえ！ そうなんだ！ 皆さんは知っていましたか？

11：35、138大手町一局。将門首塚はビルとビルに挟まれた谷間にあります。平将門が栄華を極めた藤原氏に反旗を翻し（天慶の乱）、敗れたのが38歳の時のこと。京で獄門にかけられた将門の首が東方に飛び、落ちたのがこの場所。大地は鳴動し、太陽も光を失って暗夜のようになったと説明が書かれています。後年、様々な呪いの伝説が生まれましたが、そんな将門の魂を鎮めるためにつくられたのがこの塚。将門は庶民の味方として人気も高いのです。

⑬⑤ 丸の内センタービル内局

丸の内センタービルと東京駅、桜（P170）

⑬④ 日本ビル内局

3本の木は銀杏です。

日本ビルと渋沢栄一像、桜 （P170）

⑬⑥ 大手町ビル内局

ていぱーくとモニュメント、桜 （P170）
ていぱーく（逓信総合博物館）は9：00～16：30、大人110円、月休。郵便の歴史や世界32万種の切手が一望できる他、1通の手紙が届くまでにどれだけの手がかかっているのか、郵便制度の有難さがよくわかります。

⑬⑧ 大手町一局

皇居の濠と将門首塚 （P170）
首塚にはスーツ姿の会社員やバイクで通りがかりの人などもひっきりなしに訪れます。その場でひと口だけ口をつけた飲み物を供える人も。

⑬⑦ KDDI 大手町ビル内局

KDDI 大手町ビルとていぱーくのモニュメント、カルガモの親子（P170）
その後もしつこく通ったところ、7月25日につがいを目撃！

14：40、⓭パレスサイドビル内局。毎日新聞社のビルですが、パレスサイド（宮殿の傍）とはよく言ったもので、皇居の平川門の本当に目の前です。今日は時間に余裕があったので、一度ゆっくり見学してみたかった皇居東御苑を散策しました。感じたのは、とにかく一つひとつのものがデカいこと。さすが江戸城。浅野内匠頭が吉良上野介に斬りかかった松の廊下跡、与力や同心が詰めていた番所なども見ることができます。芝では昼寝している人もおり、日常からトリップしたい時にはおススメの場所です。

皇居から30分ほどテクテク歩いてやって来たのは⓮飯田橋局。風景印には外濠にある牛込見附門（１６３６年建設）の石垣が描かれていますが、こんなのが飯田橋にあったかなと駅前を歩いてみると、わ、あった！　これまでも飯田橋駅は度々利用していましたが、こんな大きな石垣があることに今まで気づいていませんでした。江戸城外郭門は敵の侵入を防ぐ役割なので「見附」と呼ばれ、赤坂見附は地名に残っています。場所によって異なりますが内濠から1～2㎞外周に外濠があり、内濠から歩いて来たので、こんな広範囲に渡って江戸幕府の守りは固められていたのだなということも体感できました。17：30訪局。

◉7月9日（水）四萬六千日ほおずき市5局

ちょうどひと月前の6月9日、地図を読めない私が行きそびれた⓯文京大塚三局をリベンジ訪問。12：35、何が描かれているのか判別が難しい風景印ですが、下半分は「教育の森公園」というプレートがある入口を描いているようです。徳川光圀の弟・頼元が１６５９年に屋敷を建てたのが始まりで、後に東京教育大学などに使用され、84（昭和59）年に公園化しました。

13：10、⓰文京大塚二局。護国寺を描くこの風景印はかなり細かいですよね。屋根の線1本1本や戸の障子一つひとつを彫刻で表現している職人技の風景印です。

13：30、⓱文京目白台二局。今日、7月9日は「四萬六千日」。観音様の縁日（この世と優縁になる日）で、この日にお参りをすれば4万6千日分お参りをしたご利益があるのです。……と知ったかぶって書きましたが、私も初めて知りました。参道にはいくつか出店が出ていましたが、いかんせん天気が悪く、ちょっと寂しい感じ。

14：00、⓲文京音羽局。護国寺も名前は有名でありながら中々訪れる機会がない寺でしたが、さすが3局も風景印に描かれるだけあって、由緒があります。１６８１年、5代将軍徳川綱吉が母・桂昌院の発願により建てた寺で、本堂である観音堂は１６９７年に建立されたものが今も健在。当たり前ですが木造で、板や柱が丹念に組み合わせられています。それで３００年も保っている技術のすごさと、それを生で見られちゃうことのすごさに今さらながらに感動してしまいました。

139 パレスサイドビル内局

03.3.13

パレスサイドビルと竹橋（P170）

皇居東御苑は9：00 ～16：00（季節によって変動あり）、月金休。

天守台はピラミッドみたいな存在感。1638年に完成した天守閣ですが、1657年の明暦の大火で全焼し土台だけが残っています。天守閣は地上58ｍ、5層6階でした。ちなみに258の切手には天守閣が載った状態が描かれています。

140 飯田橋局

85.7.23

141 文京大塚三局

96.8.8

教育の森公園（P179）

江戸城外濠牛込見附門石垣、中央線電車と逓信病院（P171）

144 文京音羽局

99.11.11

143 文京目白台二局

04.10.1

142 文京大塚二局

96.8.8

護国寺月光殿（P179）

護国寺仁王門と不動明王（P179）

護国寺本堂（P179）

9：15、(145)浅草局。この日は朝、浅草で仕事があったので、その前に集印済。文京区をまわった後の夕方、今日から2日間、浅草寺で開かれるほおずき市を見に再び浅草へ。これも四萬六千日にちなんだイベントだったです。残念ながらほおずき市は風景印になっていないのですが、切手になっているので今日の日付で集印しました。初めて来たほおずき市ですが、夜がいいですね。屋台の軒先に吊るされた裸電球で、ほおずきの美しさが一層映える気がします。売り子さんが今年は人が少ないと言うので天気のせいかと聞いたら「毎年雨は降るのよ。それより景気が悪いから」と。1鉢2500円、吊るした実800円は、余裕のない身には確かに厳しいかも。でも夜が深まるに連れて歩くのが大変なほどの盛況になってきたので、商いも上向きだったのではないでしょうか。四萬六千日に2つの寺をお参りしたので、私のご利益は254年分？　もう一生には十分すぎますが、この幻想的な美しさを見たくて、来年以降もまた来てしまうのだと思います。

◉7月18日（金）朝顔市〜さよなら東京中央局まで9局

　ほおずき市とくれば朝顔市です。例年はほおずき市よりも前の7月6〜8日に行なわれるのが、今年は洞爺湖サミットの影響で10日ほど遅い開催になりました。10：45、(146)台東根岸三局。例年、朝顔市の午後は風景印を押しに来る方が多いそう。11：20、(147)台東入谷局では近所の50代とおぼしき男性が、まさに風景印で暑中見舞を出しているところでした。さすが朝顔の風景印は地元の人にも愛されているようで、うれしくなります。

　入谷で朝顔の栽培が盛んになったのは江戸時代末期。上野の山のふもとで雑木の落葉が水路に堆積し、その土が朝顔の栽培に適していたことなどが理由で、最盛期の明治から大正期には見物客から木戸銭を取るほど賑わったといいます。時局の悪化で中断するも、街に活気を取り戻そうと48（昭和23）年に有志が復活させ現在に至ります。入谷鬼（実際の表記は頭の「ノ」はない）子母神前の言問通り沿いに150の露店が立ち、よしず張りの下の雛壇に朝顔の鉢がずらりと並ぶ様は下町の夏そのもの。今年は開催日がずれたけど開花は大丈夫なのか売り子さんに聞くと「作る段階からそれに合わせてるから大丈夫なんです」とのことでした。さすがプロ。

　続きは日比谷線で移動して中央区の局をまわります。12：15、(148)東京シティターミナル内局。航空会社などが共同投資でつくった施設で、成田空港などに直結するリムジンバスの発着基地。海外旅行に縁のない私は初めて来ましたが、ビルの中に土産物店やフライト予定の電光掲示板があり、ここからすでに小空港の趣きです。

　13：10、(149)ＩＢＭ箱崎ビル内局。ちなみに私の初代、2代目のパソコンはＩＢＭだったので、パソコンの切手で。

145 浅草局

浅草寺二天門と五重塔（P180）

147 台東入谷局

入谷鬼子母神と朝顔（P180）

146 台東根岸三局

鉢の主流は「行灯づくり」と言われる2000円のものですが、以前は見なかった1000～1300円の小鉢も。人気が高いのは初代市川団十郎が好んだ色に似ている、渋い紅色の「団十郎」（P 3）。

148 東京シティターミナル内局

東京シティエアターミナルビルと高速道路（P172）

風景印だとリムジンバスが建物に同化して見えますが、バスがターミナルから出てきた瞬間を捉えていたのです。

149 IBM箱崎ビル内局

IBM 箱崎ビルと隅田川（P172）

永代橋の上から撮影。手前にドーンと建っているのがＩＢＭ、奥を走っているのが高速９号深川線です。

13：50、⓯⓪中央新川二局。写真は内陸と佃島をつなぐ中央大橋越しのリバーシティです。ものすごく近代化したビルや遊歩道と比べ、漁村時代を彷彿させるような古びた木の杭や船着場はアナクロで、実に対照的です。

14：25、151中央新川局。永代橋は浮世絵にも描かれているほど歴史のある橋で、１６９８年に架けられた初代は隅田川で4番目の古さ。今よりもやや北側にあったそうです。現在の永代橋は震災復興事業で26（大正15）年に架けられたものですが、そう思うと由緒と威厳を感じます。

15：45、だいぶ雨が降ってきて、ずぶ濡れで152日本橋通一局に到着。江戸初期、佃島の漁師たちが将軍や大名に調達した魚介の残りをこの地で売り始めたのが東京における魚河岸の始まりで、日本橋周辺に老舗の海苔屋などが並んでいるのはその名残りなんですね。魚市場には竜宮城の住人である魚が集まったので、碑の題材は乙姫なのです。

16：00、153日本橋通局は今日で一時閉鎖になるためやって来ました。局の奥に記念押印専用コーナーができていて、初老の男性が私を見るなり「風景印？　よかったねー、間に合って！」。何事かと思ったら、最終日である今日は通常より1時間早く16時で閉局してしまうところだったのです。そんなこととはつゆ知らず、あと5分遅れたら集印しそびれるところでした。超ラッキー！　この男性は消印収集家で、記念押印の助っ人で郵便局に駆り出されていたのですが、別れ際には「また他の局にも来てね」と完全に郵便局側の人になっておられました。さて、日本橋を描いた風景印は多数ありますが、その上空の首都高を描いている印は他にはありません。使った切手はその首都高が64（昭和39）年に開通した際の記念切手で、この印には最適ではないでしょうか。そして今、この首都高を景観の問題で日本橋の下に移設しようという運動が起きています。実現するかはわかりませんが、いつか未来に、この風景印や切手を見て「そういや昔、日本橋の上を高速が走ってたんだよなあ」なんて言い合う日が来るのでしょうか？

そしてもう1局、本日で一時閉鎖となるのが、切手や消印の収集家には聖地とも言える154東京中央局。といってもこちらは２０１１年に再開するまでの間、八重洲に仮局舎が設置され、風景印も継続使用するから安心です。17：30、記念押印専用の窓口がつくられ、10人ほどが並んで旧局舎との別れを惜しんでいました。後日、仮局舎を訪ねて風景印を押した際は、男性局員さんが「東京駅は大切に復元されるのに比べて、ウチは惨めなもんで……」と話しており、現場の人たちの旧局舎に対する強い愛着も感じられました。09年に建替え阻止のため視察に訪れた鳩山邦夫議員が「もう壊れてるじゃねえか！」と叫んだニュースも印象的でした。詳しくはコラムにて書きますが（P78）、市民の思いを汲んだ新局舎になることを願っています。

⑮⓪ 中央新川二局

中央大橋と永代橋、リバーシティ 21（P172）

⑮① 中央新川局

永代橋と屋形船（P172）
少し図案が潰れてしまったので後日再集印。

⑮② 日本橋通一局

日本橋の獅子と日本橋魚市場発祥の地碑（P173）

日本橋と東京市道路元標（P173）

東京市道路元標は、東京から各都市への距離を表示する場合に、ここを基準にするという標。他の都市は府県知事が定めましたが、東京だけは東海道の基点でもあった日本橋が法令施行当初から指定されていました。

⑮③ 日本橋通局

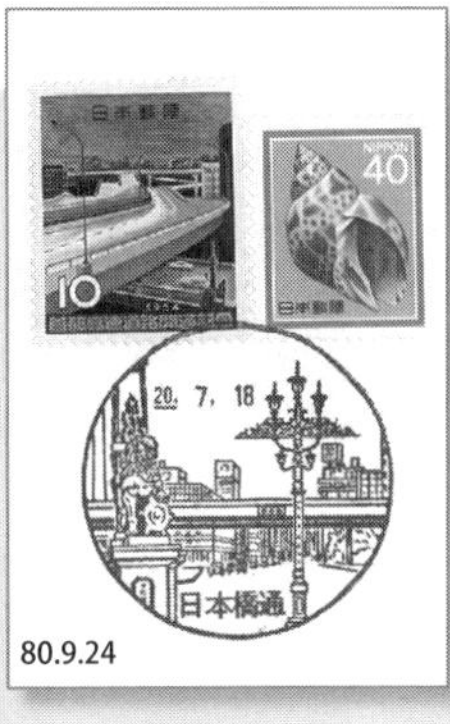

⑮④ 東京中央局

東京駅と八重洲ビル街（P170）
夜、ライトアップされた東京中央局も絵になります。歴史ある現在の外観は残し、その上にビルを建てる方針で改築は進んでいます。

◉7月22日（火）海の日とホテル2局

16：00、155海事ビル内局へ。そもそも海事ビルとは何ぞやですが、ビルには「日本船舶職員養成協会」の看板が出ていて「小型船舶操縦士免許指定養成講座」などを開いています。どうやら船級事業を行なう日本海事協会が所有するビルで、船舶関連団体が入居しているようです。海の日は祝日で休業なので、近い日付で押印することにしました。これも判別が難しい図案で、印の右手に描かれているのは一見すると波を漂う船舶に見えなくもありません。ひとつの可能性は海事ビルなのでイメージとして船を描いたというケース。もうひとつは現地に船のオブジェがあるというケース。果たして正解は？ 次ページをどうぞ。

16：40、ついでなので近隣でもう1局。156ホテルニューオータニ内局。ホテル仕込みなのか、女性局員さんの対応が丁寧です。ホテル内は広くて迷うのですが、局があるのはザ・メインという建物のアーケイド階というところ。局員さんと低い方のビル（図案の左）ですね、「そうです」と、風景印を指差しながら確認し合いました。

◉7月24日（木）川べりで見る足立区花火大会1局

夏の風景印散歩で最も楽しみにしていたのが花火大会です。しかも足立の花火は風景印になっている中では唯一の平日開催。当日押印しないわけにはいきません。16：45、157足立大川町局。局前の道路にも花火客を当て込んだ屋台が出ており、いやがうえにも気分が盛り上がります。女性局員さんによれば、今日は他にも風景印を押しに来た人がいたそうです。打ち上げ開始の19：15まで近所で時間を潰しながら、見物する場所を物色。足立の花火大会は明治年間に千住大橋の落成を祝ったのが起源で、何度も中断を繰り返しながら78（昭和53）年に復活しました。今年は30回記念大会で打ち上げ数は1万5千発。クラシックをＢＧＭにかけながら打ち上げるのがユニークです。荒川の河川敷で見られるとあって、ビルの陰に隠れないのがいいですね！ 私は街中の、ビルに隠れる花火大会しか知らないので、こんなことで感動してしまいます。

◉7月25日（金）江戸情趣・浅草から両国、日本橋へ10局

足立の次は隅田川の花火をメインテーマにしつつ、浅草から日本橋へとその周辺をまわりたいと思います。

9：20、158雷門局。この時間だと仲見世はまだ開いていない店も多く、シャッター画が見られて新鮮です。でもすでに観光客の姿も多く、東京随一の観光地の底力がうかがえます。今日は暑くなりそうです。

10：50、159台東松が谷局。ご存知、食器や厨房用具の問屋街であるかっぱ橋。その始まりは明治末から大正始めにかけて古道具屋が集まったことで、第2次世界大戦後に現在のような飲食店器具専門街になったそうです。約８００ｍの間に１７０店舗が集まっています。

⑯ ホテルニューオータニ内局

ホテルニューオータニ（P171）

⑮ 海事ビル内局

海事ビルと噴水（P171）

図案の正解はこの噴水（流水）。まったく船はかたどっていなくて、しかも帆に見えた部分は郵便局の看板でした。

⑰ 足立大川町局

足立区花火大会、紙すきの碑、千住新橋（P195）

1843年に幕府の命により地すき紙を献上した際の紙すきの碑は荒川に近い氷川神社にあります。「すきかえし　せさするわさは　田をつくる　ひなの賤らに　あにしかめやも」と紙すきが稲作に劣らぬ仕事であると詠んでいます。

⑲ 台東松が谷局

かっぱ橋道具街、マスコットの河童（P180）

地名の由来は江戸の文化年間、洪水が起きやすい土地を改良するため、雨合羽を製造していた合羽屋喜八が私財を投げ打って堀割工事を行なったところ、隅田川に住む河童たちが手伝ったという伝説などによります。

⑱ 雷門局

浅草寺宝蔵門と五重塔（P180）

宝蔵門と五重塔は本堂とともに10世紀に建てられ、何度かの再建を経て、45（昭和20）年の東京大空襲で消失。宝蔵門は64（昭和39）年にホテルニューオータニの創始者・大谷米太郎の寄進で再建。三層建ての上二層には宝物が収蔵されています。五重塔は73（昭和48）年の再建。

11：25、⑯台東三筋局。風景印には江戸前期から大正初めまで清洲橋通り沿いに存在した三味線堀という堀割が描かれています。浮世絵ではありませんが、大変よくできた細かい図案なので、何か元絵があるのか尋ねると、局長さんをはじめ4人の局員さん総出でスチールロッカーから書類を引っくり返して調べてくれる大騒ぎに。答えはわからなかったのですが、どうもありがとうございました。

堀があった場所は現在はビルで、1階が三味線堀市場になっているとのネット情報をもとに行ってみると、その市場もなくなり、ビルの1階は小売店が並ぶ状態に。図案の「三味線堀跡碑」も見当たらず、金属製のプレートがあるのみ。碑はどこにあるのか、近隣の人たちに尋ねても不明だったのですが、煙草屋の奥さんが「石碑、そこにあるでしょう?」と店の外に出て来て「あら、ない!」。どうも以前はビルの角にあったけど、工事の際に撤去されてプレートだけになったというのが真相のようです。

神田川を越えて中央区へ。12：25、⑯両国局。陽射しはどんどん強くなり、クーラーの利いた局から出たくなくなります。さらに隅田川を渡って墨田区に入ると「両国花火資料館」。打ち上げ筒や大きな花火玉の現物が見られ、明日の花火がますます楽しみになってきました。

13：50、⑯東日本橋三局。この界隈は陸運、水運ともに利便性が高かったため、江戸時代から木綿や布地の問屋が軒を連ね、周辺には呉服屋や古着屋が集まって江戸最大の繊維問屋街でした。現在も数百軒の繊維問屋が営業中。かっぱ橋に続き今日は問屋街に縁がありますが、江戸城・皇居から武家屋敷街・行政地区を挟んでドーナツ状に問屋街が並んでいて、街というものがどのように広がっていくのかが図解されたみたいで、とても面白く思います。

14：35、⑯日本橋大伝馬町《おおでんまちょう》局。江戸時代には図案の椙森神社で富籤《とみくじ》が興行され、庶民の間で大変な人気でした。往時を偲んで建てた富塚、日本には他に例がないそうで、宝くじを購入前に参拝する人もいます。この風景印を財布に入れて持ち歩いていたら、ご利益があるかも?

15：05、⑯小伝馬町《こでんまちょう》局。男性局員さんに図案の人と馬について聞くと、「向かいのさわやか信金さんの脇道に同じ絵があるんですよ」とのこと。行ってみると確かに地面のタイルに同じ絵を発見。馬の背に荷物を積んで宿から宿へ送る「伝馬役」が屋敷を拝領したのがこの土地だったのです。さらに局員さん曰く「小伝馬町は昔、牢屋の町だったんですよ」。風景印の輪郭である石町の鐘を見に十思公園へ行くとこんな説明書きがありました。「石町鐘楼堂から二丁程の所に伝馬町獄があった（150名収容）。処刑もこの鐘の音を合図に執行されたが、処刑者の延命を祈るかのように遅れたこともあって、一名情けの鐘ともいい伝えられている」。……しみる話ですね。

繊維問屋街と区花つつじ（P172）

162 東日本橋三局

160 台東三筋局

三味線堀跡碑と堀があった当時の風景（P180）
切手の浮世絵は隅田川岸（大川端）で、近くて別の場所なのですが、今の季節、三味線堀の周りをこんな風に着物姿の女性がそぞろ歩いたのではないかと想像しつつ。

椙森神社の富塚碑と区花つつじ（P172）

163 日本橋大伝馬町局

164 小伝馬町局

伝馬と区花つつじ（P172）
石町の鐘は1711年、江戸に初めてつくられた時の鐘で、当初は江戸城内にあったのが、御座に近すぎるとのことで当地に移されたそう。

取材協力：墨田区観光協会

隅田川の花火、両国橋と屋形船、柳（P172）
両国花火資料館は7～8月は毎日開館（5・6・9・10月は木～日、11～4月は木～土）で12：00～16：00。

161 両国局

両国局脇の船だまりに係留されていた屋形船。翌日は花火見物で大活躍したのでしょう。

15：55、165新日本橋駅前局。「うちの風景印、欠けちゃってるんです。再配備を上申しているんですけど、予算の問題なのか……」と残念そうな男性局員さん。

16：20、166日本橋小舟町《こぶなちょう》局。図案の大提灯は今朝、浅草寺の宝蔵門で見てきたばかりです。大提灯は江戸時代に小舟町の料理屋が寄進した慣わしが現代まで連綿と受け継がれ、今でも小舟町の町会が奉納しています。何で日本橋の町会が浅草寺に……と思っていましたが、今日実際に歩いてみるとさして遠くもなく、江戸時代には日本橋の町民が歩いてお参りに行っていたのかなと想像しました。

16：40、167日本橋室町局。閉局に余裕を持って行ったのですが、私は列の11番目で、私の後にも10人程度並ぶ大繁盛ぶり。ビジネス街局の金曜日の忙しさを目の当たりにしました。図案は152でも紹介した日本橋魚市場発祥の地碑です。そういえば宝蔵門の小舟町の提灯の両脇には「魚がし」という黒い提灯があり、これは日本橋魚河岸の信徒が寄進したのが始まりだそう。何だか風景印散歩4ケ月にして、これまで見てきた様々なものが頭の中でひとつにつながってくるのを感じます。

翌26日（土）は1733年に「両国川開き」として始まった隅田川の花火大会。打ち上げ数は2万発。見物記は次のページに回しますが、江戸庶民の暮らしに思いを馳せつつ、蒸し暑い東京の7月は過ぎていくのです。

コラム6

東京中央郵便局改築考

09（平成21）年前半に社会的な話題にもなった「東京中央郵便局改築問題」。郵便ファンにとっては非常に愛着のある建物だけに、鳩山邦夫議員が待ったをかけて、少しでも旧建築を残す割合が増えたのはうれしいことです。その後は鳩山氏が大臣を更迭されたり、解散総選挙で政権が交代したりと、それどころじゃない騒ぎになっていますが……。

この局舎は33（昭和8）年に旧逓信省の建築家・吉田鉄郎の手でつくられたもので、建築学的にも価値がありますが、何より昭和の切手ブームでは記念切手の発売日にこの建物を何重にも取り巻く長蛇の列ができた時代があり、庶民の昭和遺産として残す意義があると思います。改築後は地下4階、地上38階、高さ200mの超高層ビル「JPタワー」に生まれ変わる予定で、民営化した日本郵政としてはテナント収入も上げたいでしょうから、「外観を一部残しつつ改築」というのは妥当な線かなと個人的には感じています（もちろん貴重な旧局舎の郵便史料を伝えるスペースはつくってほしいですし、いっそ「ていぱーく」をJPタワーの1フロアに移してもいいのでは?）。

ところで東京中央局の風景印の題材である東京駅も、P66で書いた通り改築中です。完成予定は東京駅が2010年度末、東京中央郵便局は2011年春と発表

02.10.21

大提灯、区花つつじ（P172）

166 日本橋小舟町局

日本橋ビジネス街、区花つつじ（P173）
図案は多分、首都高１号上野線の下から江戸通りを見たのではないでしょうか。手前の右角に背の低いビルがあるのを目印に撮影。

165 新日本橋駅前局

02.10.21

02.10.21

167 日本橋室町局
日本橋魚市場発祥の地碑、区花つつじ（P173）

隅田川の花火大会は一時中止されていたが 78（昭和 53）年に復活。その時、私は７歳で、近所の工場の窓から見せてもらった記憶があります。足立と違い河原で見られないので、いつも街中を歩き回って、建物の隙間から少しでもよく見える場所を探すことになります。今回たどり着いたのは寿町の路地。地元の人に混じり我々のような一見さんも地べたに腰を下ろして見上げます。建物と電線に阻まれながら楽しむ、それが隅田川の花火なのです。

していますが、ちょっと待て。それって実は同じ時期では？　世間ではあまり言及されていませんが、東京駅と東京中央郵便局は同時期にアベックリニューアルを狙っているのではないかと私は勝手に勘繰っています。東京駅が２階建てから３階建てに変わるのですから、風景印の図案も改正される可能性が高いでしょう。新風景印には東京中央局の局舎自体を描く手もあると思います。今回の騒動で東京中央局も東京駅に負けぬくらい価値と支持のある建物であることがわかったので、両者が対で描かれた風景印が誕生したら素敵だと思うのですが、どうでしょうか。
　写真は08（平成20）年に解体工事が始まる前の旧局舎の窓から東京駅を写したもの。２０１１年にはこの景観がどう変わっているのでしょう？

8月◉行く夏を惜しむ阿波踊り

◉2008年8月1日（金）江戸川の松、板橋の花火6局

今週末に江戸川と板橋の2か所で花火大会が行なわれるのを意識しつつ、まずは江戸川地区。10：50、168小岩局。11：15、169東小岩五局。ともに善養寺影向の松が描かれており「この辺ではかなり有名ですよ」と局員さんたち。現地に行って、有名な訳がわかりました。とにかく巨大なんです。約1.8ｍの高さで枝分かれをして、枝張りは直径約30ｍ、繁茂面積では日本一！ 樹齢６００年、江戸期にはすでに有名だったようです。境内右奥には背の高い松が見えますが、こちらは星降《くだ》りの松。大町桂月が06（明治39）年に記した『東京遊行記』で「立てる星降りの松に、坐れる影向の松を加へて、東京附近松の奇観は、この寺に尽きたり」と表現したそうです。残念なことに星降りは40（昭和15）年に枯れ、今は2代目ですが、確かに対照的な2本ですね。以前は花の咲かない木は面白くないと思っていましたが、名のある木をいくつか見てまわるうちに大いに興味が湧いてきました。

13：05、170江戸川上篠崎局。明日は板橋でも花火大会。江戸川と板橋じゃ、東京の端と端でハシゴも無理なので、今年はポスターを見るだけで我慢しておきます。「ふるさと切手でさつきの図案が出た時は、大勢押しに来ましたし、郵頼もたくさん来ましたねえ」と男性局長さん。

15：50、171江戸川船堀局。こちらも夏に相応しい金魚が題材。江戸川区はかつては金魚の養殖が盛んでした。明治時代に始まり、第2次世界大戦前が最盛期で23軒も養殖業者があったそうですが、現在残るは2軒のみ。そのうち一般の人でもOKと触れ込みの佐々木養魚場へ。何とかわいい金魚ちゃん、見ているだけで心が和みます。

16：45、172江戸川北葛西三局。16時半閉園の自然動物園にもどうにか間に合いました。図案に描かれているのは恐らくペンギン、ワラビー、リスザルで……写真はプレーリードッグ。この愛くるしさ、たまりません。

そしてこの日、朝イチで173板橋舟渡《ふなど》局に寄っていました。9：05訪局。花火の時期は風景印を押す人が多いらしく「ここのところ毎日押しています」と笑顔の女性局員さん。板橋の花火は対岸の埼玉県戸田市と同時開催。51（昭和26）年に板橋区と戸田町の間で境界変更が行なわれたのをきっかけに始まり、両方で1万1千発が上がります。

善養寺影向の松と江戸川の鉄橋　(P196)
影向（ようごう）とは神仏がこの世に現れた姿という意味。上から見るとまるで緑の絨毯ですが、これで1本の木なんです。多数の支柱を立てないと枝を支えられず、藤棚のようです。

169 東小岩五局

81.3.16

168 小岩局

51.3.25

善養寺影向の松と江戸川水門（P196）

大会は09年に見てきました。土手に上ると花火の発火点も見えるのが新鮮でした。

172 江戸川北葛西三局

99.11.1

170 江戸川上篠崎局

82.10.18

江戸川花火大会、篠崎公園と区花さつき（P196）

行船公園の平成庭園と自然動物園（P196）
自然動物園は10：00～16：30（土日休は9：30～。11～2月は～16：00）、月休。

屋内釣堀のような小屋にたくさんの水槽が並び、佐々木養魚場オリジナルの「やなぎ出目金」など、様々な種類を売っています。9：00～18：00、木休。

総合区民ホールと船堀駅壁画（P196）
風景印に描かれているのは駅ビルの壁画。実物には5匹の金魚がいます。区民ホールの上にある展望台は高さ115 m。9：00～21：30。

99.11.1

171 江戸川船堀局

173 板橋舟渡局

05.2.25

板橋花火大会（P193）
8月2日（土）、荒川の河川敷にて。会場近くに出店が少ないので、飲食物は駅周辺で仕入れて行くことをおすすめします。写真では右が戸田、左が板橋ですが、片方が上げるともう一方が時間差で上げたり、組み合わせの妙を感じます。板橋名物500 mのナイアガラの滝は関東最大級。尺玉の数も都内では多く、ドーンと大きな音が腹に響いて迫力満点でした！

◉8月8日（金）さぎ草伝説と阿佐谷の七夕9局

久しぶりに花を求めて、九品仏にやってきました。9：05、⓱⓸世田谷九品仏局。さぎ草は東京版ふるさと切手の図案になっていますが、都民のほとんどが実物は見たことがないのではないでしょうか。大正末までは世田谷区内の湿地で自生していたそうですが、現在は九品仏のある浄真寺境内の小さな庭で見られるのみです（以前はもっと大きなスペースで「さぎ草園」と呼んでいたそうですが、現在は縮小されています）。それにしても面白い花で、本当に鷺が飛んでいるようにしか見えません（P3）。先客の男性はわざわざ横浜から撮影に来られたそうで、近郊で他にさぎ草の名所はあるのか聞くと「箱根の湿生花園かな」との答え。そこまで行かなければ見られないとなると、浄真寺は貴重ですね。

10：45、⓱⓹世田谷等々力局。都内唯一の渓谷である等々力渓谷は一度行ってみたいと思っていました。目黒通りから脇に入り、ゴルフ橋という真っ赤な鉄橋の下から渓谷に入ります。緑の中を清流が走り、マイナスイオンが豊富に出ている感じ。奥多摩かどこかにでも行ったような気分になりますが、動物の姿がほとんど見られぬせいか、あまり野生を感じないのは不思議なものです。

12：45、⓱⓺玉川局。先ほど行ってきた浄真寺の釈迦如来像が題材です。九品仏とは浄真寺の本堂の対面に3つの阿弥陀堂があり、上品堂、中品堂、下品堂と呼ばれ、それぞれに3体ずつ計9体の阿弥陀如来像が安置されていることからこの名で呼ばれています。⓱⓸も⓱⓺も図案に描かれているのは本堂にいる釈迦如来像の方のようです。

さて今日8月8日は北京オリンピックの開幕日。13：55、⓱⓻世田谷駒沢局には、44年前の東京オリンピック会場、駒沢オリンピック公園が描かれています。体育館にしても管制塔にしても大きい。北京の鳥の巣スタジアムもそうですが、国の威信を賭けた大事業だったことがうかがえます（五輪関連はP115もご覧ください）。

14：30、⓱⓼世田谷駒沢二局。女性局員さんに「ずっとまわってらっしゃるの？」と聞かれましたが、実は今夏の風景印散歩でこの日が一番暑くて辛く、顔中に汗を垂らし、そうなんですけど、今日は止めときゃよかった……と思わず答えていました。図案の常盤塚は、奥沢城主の娘・常盤姫とさぎ草の伝説にまつわる塚です。世田谷城主・吉良頼康の側室として寵愛を受けて懐妊した常盤姫。しかし嫉妬した他の側室から、頼康の子ではないと噂を流され、身の危険を感じた常盤姫は可愛がっていた白鷺を連れて逃走。そして白鷺の足に歌を結びつけて放つと、自害してしまうのです。この続きは写真の解説を。

15：05、⓱⓽世田谷局は246＝玉川通りを車で通ると見える局。区の名物を集めた集配局的な風景印です。

等々力渓谷と
区花さぎ草
（P187）

⑰⑤ 世田谷等々力局

浄真寺さぎ草と釈迦如来像、
かやの木（P187）

⑰④ 世田谷九品仏局

⑰⑦ 世田谷駒沢局

駒沢オリンピック公園（P187）
当時の50円切手は、今の500円くらいの価値。

⑰⑥ 玉川局

浄真寺釈迦如来像、多摩川、二子橋と電車（P187）
風景印を出してもらったところ、箱に「平成20年7月18日更改」と書かれていて、それってつい最近じゃないか！ でも図案が変わったわけではなく再配備。

⑰⑨ 世田谷局

駒沢オリンピック公園、区花さぎ草、豪徳寺招き猫（P187）
駒沢オリンピック公園の管制塔はただのモニュメントかと思っていたら、裏側にはちゃんと昇るための螺旋階段が（もちろん立ち入り禁止）。

⑰⑧ 世田谷駒沢二局

常盤塚とさぎ草、駒沢オリンピック公園（P187）
住宅街の家と家の間に、本当に常盤塚のためだけに囲いをしたスペースが設けられています。姫が放った白鷺を偶然射止めた頼康は事実を知り、白鷺の血がこぼれた地面からは白鷺そっくりの花が咲いた、というのが伝説の内容です。

まだまだ今日の散歩は終わりません。電車で杉並区に移動して16：25、⑱杉並善福寺局。図案について聞くと「天気がいいとそこの地蔵坂から富士山が見えるんですよ」と男性局員さん。坂といっても昇っていたのに気づかないくらいなだらかで、この先に富士山が見えるなんてびっくりです。地蔵坂の由来は坂の途中に地蔵堂があったことで、今は今川2丁目の観泉寺に移されています。行ってみると境内の外に様々な地蔵や庚申塔ばかり20基近く集めたポケットパークのような場所があり、壮観でした。

同じ観泉寺の境内にあるのが18：15、⑱荻窪局に描かれている今川家累代の墓。そしてマキの木は荻窪八幡神社にあるのですが、そのどちらもすでに門が閉まっていて見られない！　この２つは09年6月に再訪しました。

時間がギリギリになっていたので焦りましたが、バスと地下鉄を乗り継いで18：45、本日最後の⑱杉並局に到着。阿佐谷の七夕まつりが8月6日から10日まで開かれているので今日ラストの局に選んだのですが、若い女性局員さんに聞くと「今日は5人以上は風景印を押しにいらっしゃいました」とニッコリ。やはり七夕狙いで来たんだろうなと思っていると「8月8日のゾロ目だからかな」と。あ、そっちですか。とにかく性格のよさそうな方で、1日の最後にこういう局員さんに会えると救われます。

七夕まつりは阿佐ヶ谷駅前のアーケード街、阿佐谷パールセンターが会場です。第1回は54（昭和29）年。戦後の混乱が続いていた時代に、阿佐谷に人を集めたいと商店主たちが全国の夏祭りを視察して選んだのが七夕まつりだったそうです。それから55年、東京で七夕といえば阿佐谷が思い浮かびますから、その目は間違いじゃなかったということでしょう。

◉8月15日（金）与謝野晶子・下北沢の阿波踊り10局

この日は午前中に下北沢、駒場とはしごした後、渋谷に歩いて来ました。意外と歩いても苦にならない距離ですね。12：05、⑱渋谷松涛《しょうとう》局。先に図案になっている鍋島公園に寄ったのですが、見回しても噴水らしきものがまったく見当たらず、男性局員さんに聞くと「元は噴水だったんですが、4～5年前に水車に変わったそうです」。そうだったのか、題材が変化しても把握していない局が多い中で、渋谷松涛局は優秀です。12：20、⑱渋谷道玄坂局。なぜ与謝野晶子の切手を貼ったかというと、道玄坂の碑群のひとつが彼女の歌碑だからです。晶子は01（明治34）年6月に大阪から上京し、鉄幹と道玄坂で東京新詩社を主宰。『みだれ髪』を出版したのが同年の今日、8月15日だったのです。中々深いマッチングではないでしょうか（自画自賛？）。しかしまったくの偶然ですが、反戦派であった晶子が処女詩集を刊行した日が、後に終戦記念日になるとは、運命性の強い女性だと思わずにいられません。

⑱⓪ 杉並善福寺局

03.3.25

地蔵坂と地蔵堂、井草、富士山、区花さざんか（P189）
地蔵坂は別名寺分（てらぶ）坂といい、図案右に「寺分」と書かれているのはその意味でしょう。

⑱① 荻窪局

76.8.15

善福寺公園、今川家累代の墓、荻窪八幡神社マキの木（P189）
戦国時代に桶狭間の闘いで敗れた今川義元の子孫は、江戸時代には高家として幕府に仕えました。観泉寺を菩提寺とし、一族の供養を行なったのは義元から３代後の直房です。

荻窪八幡神社マキの木は樹齢 500 年、1477 年に太田道灌が豊島氏と戦う際に戦勝を祈願した木です。

⑱② 杉並局

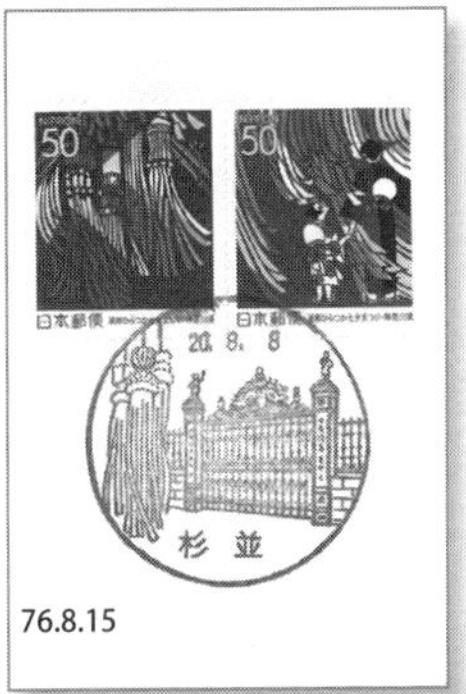

76.8.15

阿佐谷七夕まつり、妙法寺鉄門（P189）
明日から盆休みという社会人も多く、七夕の会場は大変な賑わい。名物は商店主たちがつくるはりぼて飾りで、その年のブームが取り入れられ、08 年はやはり出ましたポニョ。アーケードの全長 700 m、端から端まで屋台が並びます。

82.1.14

⑱③ 渋谷松涛局

鍋島公園、松涛美術館（P188）

⑱④ 渋谷道玄坂局

81.5.18

道玄坂の碑群、区花花菖蒲（P188）
道玄坂の碑群はマークシティの入口にあり、風景印だと碑が横並びなのに対し、折り重なるように建っています。

渋谷から目黒に移動。13：15、185目黒鷹番局。碑文谷公園にはこども動物広場があり、モルモットやうさぎと遊べる他、ポニーの引き馬に乗れます。ただし乗れるのは中学生以下なので、写真だけ撮らせてもらおうとすると、職員さんがわざわざ馬場から門の外まで連れて来てくれました。私は動物愛はたぶん平均の人以下しかないのですが、間近で見ると、可愛い！　動物好きの人の気持ちがちょっとだけわかってしまった瞬間でした。

14：10、186目黒碑文谷四局。この辺りは昔、目黒でも指折りの竹林で、良質の筍が採れ、無数のすずめが住みついたといいます。すずめのお宿緑地公園は、一人暮らしの老女の遺志で国に返された土地を目黒区が借り受けて公園化したもの。園内には区内にあった農家の母屋を移築した古民家もあり、和の雰囲気を持つ静かな公園です。

ここで時間に余裕があることに気づきました。予定より1局多くまわれるかも。そこで『風景スタンプ集』と地図を見比べ、季節に関係ない図案の局を探し、15：10、187目黒南三局を追加することに。行き当たりばったりだったので女性局員さんに、大岡山コミュニティ道路というのはどこの道なんですかと聞くと「多分、大岡山の駅前だと思いますけど、確認してみます」。すると隣の男性局員さんが「これ、駅前じゃなくて局の目の前の通りですよ。環七のところに石碑もありますので」と助け舟。「すみません」と恐縮する女性局員さん、ちょっとコントみたいでした。

15：50、188目黒本町局。清水公園まで来て、ここは以前通ったことがある！　と既視感が。今からもう10年前になりますが、『スタンプマガジン』（郵趣サービス社）という雑誌で郵便配達員さんの1日密着記事を書いたことがあり、その時取材させていただいたのが目黒局。私も配達用の自転車を漕いで、この公園の前を通ったのです。懐かしい。池には図案通り釣り人の姿が見られました。

で、その189目黒局です。16：45、訪局。図案の日本近代文学館は駒場公園の中にあり、午前中に見学して来ました（以前はすぐ隣に東京都近代文学博物館があって2館はしごできたのが、128で書いたように閉館になってしまい残念）。当日の目玉展示は最近寄贈された芥川龍之介の自筆遺書。「わが子等に　一、人生は死に至る戦ひなることを忘るべ可らず」と壮絶な内容ですが、カクカクした、意外に子供っぽい字だったのが印象的でした。

何だかまだ行けそうと勢いがつき、18：00、190荏原局へ。ところがこれが裏目に出ました。局員さんに、図案の孟宗筍栽培記念碑は戸越公園にあるらしいと聞いてテクテク歩いたのですが見当たらず。8月中旬だと日暮れも早まり、暗くて見つからないだけなのか判断もつかず、遅い時間に無理はしない方がいいと学習しました。後日、碑は小山1丁目の住宅街にあることが判明し、09年5月に再訪。

86.10.23

186 目黒碑文谷四局

すずめのお宿緑地公園（P184）
古民家は江戸中期の建築で、79（昭和54）年に移築復元。

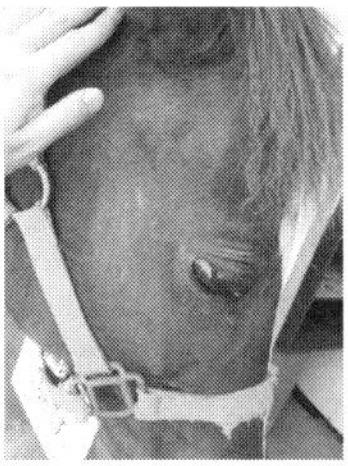

86.10.23

185 目黒鷹番局

碑文谷公園のポニーと弁天池のボート（P184）
ポニーの引き馬は10：00～11：30、13：30～15：00、月休、150円。この馬の名はステラで、人間でいうと80歳のお婆ちゃん。

00.5.15

187 目黒南三局

大岡山コミュニティ道路と局舎（P184）
図案は坂道に見えますが、実際は平坦な道です。

86.10.23

188 目黒本町局

清水公園の釣り風景（P184）
60代のご隠居に声をかけると、清水池は古くから釣り好きの人には有名で、遠方から来る釣り人もいたそう。「昔は柵もない池で清水が湧いていたけど、ビルが建って水脈が断たれたみたい。水は循環しないと腐っちゃうから魚にはよくないんだよね」。

76.8.1

189 目黒局

日本近代文学館と碑文谷公園（P184）
目黒局の局員さんは、揃って礼儀正しく感じよく、もしかして都内の模範局なのでは？　だから10年前も、郵政局が取材に指定してくれたのかなと深読みしてしまいました。
日本近代文学館は9：30～16：30、日月第4木休、大人100円。

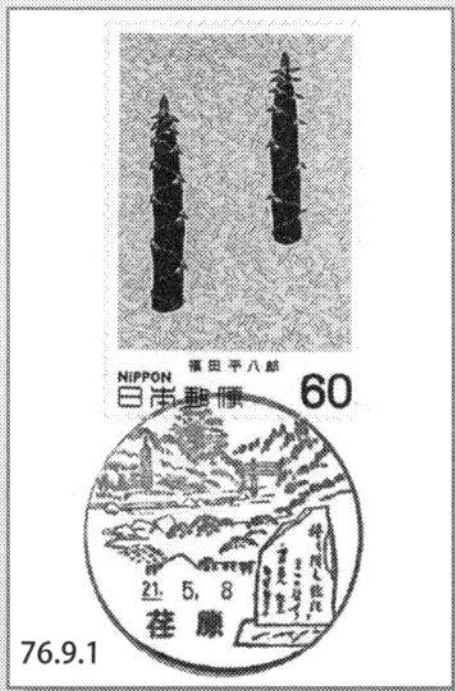

76.9.1

190 荏原局

戸越公園と孟宗筍栽培記念碑（P186）
廻船問屋の山路治郎兵衛は鹿児島の特産品であった孟宗筍を移入し、戸越村や周辺の農民に栽培を奨励して商品化に成功。竹翁と呼ばれた彼を偲んで1806年に建てたのがこの碑で、写真の扉の奥にあります。碑文谷のすずめのお宿公園の竹林もここに端を発しているわけです。筍の切手で再集印。

渋谷、目黒、品川を巡った8月15日ですが、午前中は下北沢で明日から開催される下北沢阿波踊り関連の風景印を先取りしました。遡って9：40、⑲世田谷代沢局。10：00、⑲世田谷北沢局の女性局員さんは「かなり賑やかですよ。私たちは出ませんけど信金さんの連（チーム）は出ます」とチラシをくれました。そして翌16日（土）、時折雨混じりで心配しましたが、無事19時にスタート。下北沢の阿波踊りは66（昭和41）年からの歴史があります。地元以外に高円寺や東林間などからも参加していて、全部で11の連が街のあちこちで踊るのですが、それぞれ独自色を出していて、中にはロックを感じさせる若い連も。クライマックスに向けて踊りは熱狂してゆき、飛び入りで参加してしまう観客もいます。そして、踊りが絶頂まで高まってフィニッシュした時には割れんばかりの大拍手とアンコール。「やっとさー」「やっとやっと」「よいさー」「よいさよいさ」という掛け声が、しばらくは耳に残っていました。

◉8月19日（火）早朝の鬼蓮と東京の海辺4局

水元公園の鬼蓮池が7月13日から9月15日まで開放されているので見物に。当地で一時は絶滅したと思われていた鬼蓮が、都水産試験場A18号池で確認されたのは81（昭和56）年のこと。都公園協会の職員さんがいたので話を聞くと最盛期の7月下旬から8月上旬は日に１５０株も咲いたそうです（この日は23株）。今年は２つある池の片方では鬼蓮が生育せず、雨で増水した時に別の池からザリガニと鯉が流入して種子の着生が妨げられたとの見方もありますが、職員さんは「鬼蓮の実は20年経って咲くものもあるし、来年になってみないとわかりませんよ」と話していました。⑲葛飾東金町二局で10：05集印。11：55、江戸川区に移動して⑲葛西クリーンタウン内局。前日、大阪桐蔭の優勝が決まった高校野球、図案の江戸川区球場でも東東京予選が行なわれました。ここから甲子園への道がつながっている、という意味で甲子園の切手を使用。当日は「第59回全国官公庁野球中央大会」が開催中。私が行った時は三原市消防本部（広島県）vs徳島市役所（徳島県）でしたが、全国58ものチームが参加するこんな大会があるとは知りませんでした。⑲葛西局は8月1日に集印していましたが、今日は題材の葛西臨海水族園を訪ねました。当園の特色は太平洋、インド洋、カリブ海など7つの海の魚が一通り見渡せること。写真は「深海」のコーナーで見たマンボウ。葛西臨海公園は真夏の海そのもので、潮の匂いがするし、とにかく暑い！　臨海部を移動してお台場へ、⑲お台場海浜公園前局。16：45、ギリギリ間に合いました。お台場海浜公園にもファミリーやカップルがあふれています。しかし夏の天気は変わりやすいとの言葉通り、葛西であれほどピーカンだったのがどんどん曇ってきて、遂には雨も降り出しました。もう、夏も終わりですかね。

阿波踊り、天狗祭り、京王線（P187）

子供たちは照れもあり可愛い感じ。一方男衆は、「踊る阿呆」というくらい、本当にアホみたいに笑っていて、見ている側までつられて笑ってしまうほど。天狗祭は例年２月に真龍寺を中心会場に行なう節分の行事で高さ３mもある大天狗面などが街を練り歩きます。

⑲㉒ 世田谷北沢局

99.4.20

⑲① 世田谷代沢局

99.4.20

阿波踊り、天狗祭り、小田急ロマンスカー（P187）

⑲③ 葛飾東金町二局

83.3.11

水元公園鬼蓮、松浦の鐘、しばられ地蔵（P196）

鬼蓮池の開放時間は７：00～14：00。直径２mにもなる葉の大きさが“鬼”なのかと思ったら、葉や花筒にトゲが多いことから付いた名だとか。

松浦の鐘は領主・松浦河内守信正が1757年に龍蔵寺に奉納したもので、後に村有となり水害の際などに鳴らされました。

しばられ地蔵は南蔵院にあります。享保年間に境内で呉服問屋の反物が盗まれた時のこと。名奉行の大岡越前は「泥棒を黙って見過ごしたとはけしからん」と地蔵を縛って市中を引き回しますが、これが元で大盗賊団が一網打尽となったという話。現在も願い事をする時に縄を縛り、叶えば縄を解く風習が受け継がれています。

江戸川区球場、陸上競技場（P196）

⑲④ 葛西クリーンタウン内局

99.11.1

お台場海浜公園とレインボーブリッジ、ヨットとカモメ（P176）

⑲⑥ お台場海浜公園前局

98.5.15

⑲⑤ 葛西局

96.4.25

葛西臨海水族園、行船公園源心庵、区花つつじ（P196）

葛西臨海水族園は９：00～17：00、水休、大人700円。図案の三角形は水族園の中庭にあるテントデッキと呼ばれるものでした。

※マンボウは09年に死亡し、現在新しい個体を待っているところです。

◉**8月22日（金）しながわ水族館イルカウォッチ1局**

8月のうちにどうしても集印しておきたい図案に⑲品川南大井局のしながわ水族館の風景印がありました。14：30集印。この後、寄り道をし、16時半のイルカショーギリギリに到着したので、プールはすでに立ち見の状態。ここの夏期名物に、プールの間近に座ってイルカの水しぶきを浴びる「ドルフィンスプラッシュタイム」というのがあるのですが、せっかく押した風景印が濡れてしまうので今回は我慢しておきました。館内は大きく地上の海面フロアと地下の海底フロアに分かれていますが、名物は海底フロアのトンネル水槽。三方を魚たちに囲まれ、とても幻想的。

◉**8月28日（木）夏の終わりの大塚阿波踊り2局**

東京の夏祭りを締めくくるのは、71（昭和46）年にスタートした大塚阿波踊りです。12：20、⑱大塚駅前局。阿波踊りの時期は風景印を押す人が増えますかと聞くと「最近多いんで何でかと思ってたんですけど、そのせいか！」。12：45、⑲豊島南大塚局。男性局員さん曰く「阿波踊りはすごく盛り上がりますよ。お客さんの連も出るので、屋台でおいしいものを食べたりしながら私たちも見物させてもらいます」。うむうむ、夜が楽しみになってきたぞ。夕方戻ってくると、駅前の広い車道約400mが交通規制され、すっかり阿波踊りモードになっていました。

コラム7

『東京ウォーキングマップ』の話

皆さん、TBSで日曜早朝に放送している『東京ウォーキングマップ』（関東ローカル）という散歩番組をご存じでしょうか？　私は稀にこの番組に出演し、風景印散歩を行なっているのですが、気づけば弁の立たない私のへなちょこ出演も8回を数えていました。

03年10月「日本橋編」石町の鐘を撞く
04年6月「高津編」岡本太郎のふるさと
04年10月「竜泉・根津編」一葉、子規ゆかりの地
05年1月「横浜金沢編」金沢文庫や野口英世研究室
05年9月「西新宿編」再開発と高層ビル街
07年8月「青梅編」山奥で滝に打たれる
08年8月「都心編」国会など官庁街で社会科見学
09年8月「富士山編」富士山五合目と山頂局

この番組、週替わりでいろいろな散歩師が登場し、非常にゆったりとした素敵な番組なのですが、なぜか私の回は過酷なことが多いです。特に07年はふんどし一丁で滝行に挑戦し、「風景印とまったく関係ないのでは？」と頭に「？」が渦巻きつつも、こんな機会でもなければ一生滝に打たれたりしないので、ありがたく体験してきました。09年は初の泊り込みで富士山を五合目から登りましたが、山頂はほとんど嵐で全身ぐっしょりでした。登山経験ゼロの私も大変でしたが、重いカメラや機材を担いで登るスタッフさんの方が大変

しながわ水族館（P186）
10：00～17：00、大人1300円、火休。イルカのジャンプはＰ８。執念で１枚撮れました。

⑲⑦ 品川南大井局

⑲⑧ 大塚駅前局

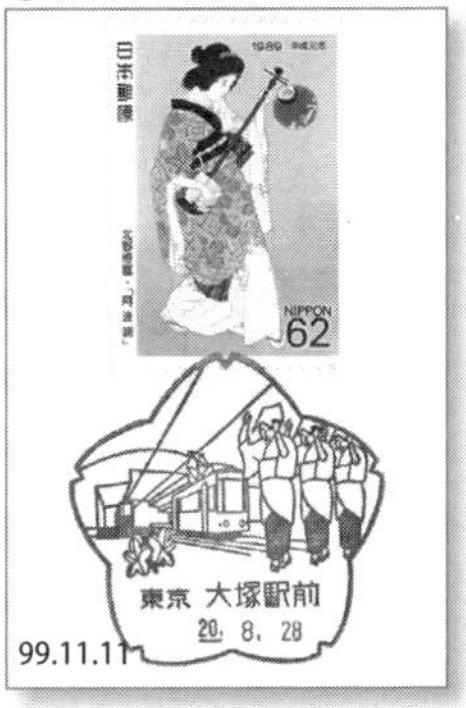

⑲⑨ 豊島南大塚局

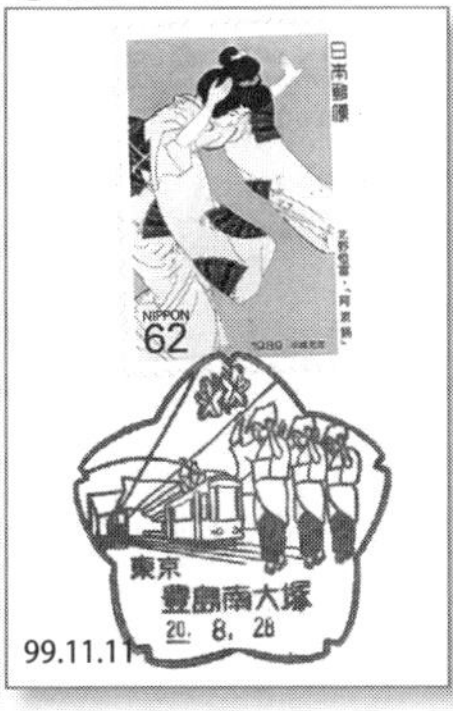

大塚阿波踊りと都電荒川線、区花つつじ（P190）
市民の連が多く、誰でも参加できそうな気楽さが大塚の特色。激しい雨にも逆に燃えるようで、夏の終わりを飾るに相応しい熱気溢れるお祭りでした。

で、「無謀なのでは？」とまたも頭に「？」が点滅しましたが、どうにか山頂局にも到達しました（しかし私は下山時に大ブレーキ、ディレクターのO氏は腰痛が悪化、プロデューサーのH氏はなぜか帰京後に転倒して骨折。やはりちょっと無謀だったのでしょうか）。

そんな珍道中ではありつつも、とにかく伝えたいのは、足で歩いて風景印を集め、図案について追究していくと、こんなにもいろいろな体験や発見ができて楽しいよということで、そこはスタッフさんもよく理解してくださっています（O氏は出先でも風景印を集めるようになったとか）。この先私の出番があるかは不明ですが、もし機会があれば、ブログなどで告知していきます。風景印散歩の様子がリアルにご覧いただけるのではないかと思います。

コラム8

局会社と事業会社の小さいけど大きな違い

郵便局には「局会社」と「事業会社」があると説明しました（P12）。例えば新宿局のような集配業務を行なう局には両者が併設され、その両方で風景印が使用できるよう、07（平成19）年10月の民営化の際に追加で1本風景印が配備されました。つまり集配局には2本の風景印が存在するのです。といっても両者の図案は基本的に同じで、よくよく見ると局会社の年号にはアンダーバーが付き、事業会社の年号にはバーが付いていないのが相違点です（これは風景印に限らず他の消印でも同じなので、皆さんのお手元にある郵便物などをチェックしてみてください）。

ごく小さな違いですが、こだわりコレクターの中にはその両方を集めたいという人も当然います。私もこの1年は両方の窓口で集印しましたが、2本の風景印を局会社、事業会社のどちらへ割り振ったかは局によってまちまちでした。長年使った印は磨耗し、両者で印影の美しさに大きな差が出る局もあるので、注意したいところです。

そして23区内全局をまわった中で、2局だけ例外的な局を発見しました。ひとつは124葛飾局で局会社だけ、もうひとつは321大崎局で事業会社だけにしか風景印が存在しません。それぞれ民営化の際に「風景印は1本あればよい」という判断で追加配備を申請しなかったようなのです。大崎局の場合はゆうゆう窓口（＝事業会社）は24時間開いているので常時押印できますが、葛飾局の場合は局窓口（＝局会社）は平日と土曜しかオープンしないので、休日に風景印を押したい人にはどう対応しているのか聞いたところ、押印物をいったん預かって、平日に局会社で押印してから郵送しているそうです。全国的にも珍しい例だと思います。

で、我々が一番よく利用する街中の特定局は、民営化で局会社になったので、それまで「バーなし」だったのが全局「バーあり」に変わりました。民営化直前には「バーなし」の印影を集めておこうと、駆け込み押印したコレクターも多かったと聞きます。ところが今、国政で郵政民営化の見直しが論点になっています。その流れで局会社と事業会社をまたひとつに戻すことにでもなれば、「バーあり」の印はわずか2～3年程度しか使わなかった貴重な印になるかもしれません。

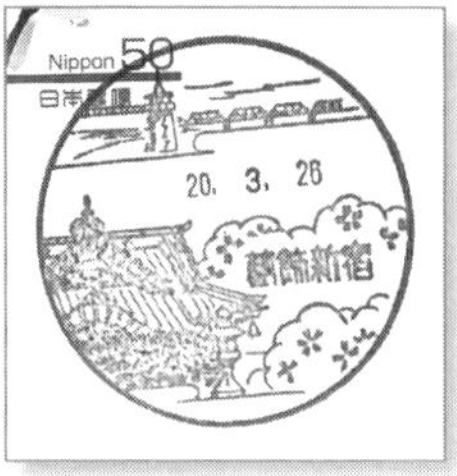

秋

新旧文化が層を成す東京

9月
旧街道と超高層ビルの谷間を

10月
都電沿線と文化薫る秋祭り

11月
銀杏色づく東京の街並み

9月◉旧街道と超高層ビルの谷間を

◉2008年9月2日（火）上野黒門と北区水辺紀行6局

9：45、**200上野黒門局**に着くとまだ閉まっています。オフィス街の郵便局は夕方の需要が多いため、1時間ずらして10〜18時営業のところもあるとか。「うちの局ができたのが20年くらい前ですけど、当初からそうです」。へぇえ、官営時代からそんなフレキシブルな運営をしていたのですね。描かれている「黒門」は上野の寛永寺の表門でした。1868年、大政奉還をした徳川慶喜は寛永寺に蟄居《ちっきょ》。徳川政府を支持する武士たちは彰義隊と名乗り、上野の山を拠点に新政府軍と対峙します。結局、彰義隊は壊滅するのですが、その際、防衛線になったのが黒門。現在は彰義隊の墓がある南千住の円通寺に移設されています。

11：40、**201台東谷中局**。岡倉天心記念公園は1898（明治31）年、天心が中心となってつくった日本美術院があった場所。六角堂内には平櫛田中が制作した天心坐像があります。本日9月2日は岡倉天心の命日です。

14：30、**202王子局**。ここからはプチ水辺紀行。王子駅の北口に出るとすぐに音無親水公園です。東京の9月は暑さがしつこく、子供たちが盛んに水浴びをしています。音無川は江戸時代には浮世絵にも描かれた風光明媚な場所だったそうで、現在も川沿いには寺社やお堂など見どころがたくさん。音無川を上流に遡れば隅田川。15：00、**203王子五局**の図案は隅田川の水上バスです。船着場に釣竿を並べている人たちに声をかけると40㎝くらいある立派なウナギが籠の中。「川がだいぶきれいになって、ハゼも釣れるようになった」と話していました。

16：00、**204北志茂一局**。さらに川を遡ると岩淵水門。埼玉県から流れてきた荒川は、岩淵水門で荒川放水路と隅田川に分かれます。もとは隅田川が荒川の本流でしたが、洪水に対応するため明治末から昭和初めにかけて荒川放水路がつくられました。ブルーが見た目にも爽やかな岩淵水門ですが、これは82（昭和57）年に稼動した2代目。初代は18：20、**205赤羽局**に描かれており、こちらは鮮やかなレッド。それぞれ赤門、青門の愛称で住民に親しまれています。風景印は単色なので、この水門も灰色の地味なのをイメージしていたのですが、現地へ来てみるとこんな対照的な2つの色がついていたなんて。図案が急に総天然色になる、この感覚も風景印散歩の醍醐味です（P8）。

96.8.8

⑳⑳ 上野黒門局

黒門と大田蜀山人歌碑　（P181）
大田蜀山人の歌碑は上野公園にあり、江戸後期に花の名所・上野を詠んでいます。「一めんの花は碁盤の上野山　黒門前にかかるしら雲」。続いて南千住の円通寺へ。彰義隊士 266 人が埋葬された縁で黒門も移設されました。鉄砲弾の痕が生々しく、久しぶりに鳥肌が立ちました。

04.3.8

⑳① 台東谷中局

岡倉天心記念公園六角堂と大名時計博物館の和時計（P181）
09 年に和時計の切手で再集印。

大名時計博物館は 10：00 ～ 16：00、月休（夏季、冬季休館あり）、大人 300 円。勝山藩の下屋敷だった家を陶芸家の故・上口愚朗氏が戦後に買い取り、収集した和時計を展示しています。谷中小学校の前には当博物館の時計を模した和時計が現役で動いています。

91.11.29

⑳③ 王子五局

隅田川と新神谷橋、水上バス（P192）

音無川流堰と音無橋、名主の滝（P192）

52.4.11

⑳② 王子局

⑳④ 北志茂一局

91.11.29

岩淵水門と水上バス、桜（P192）

水門傍の「荒川知水資料館」は治水の歴史や流域に棲む生物など多角的に展示がなされ、川好きにはおススメ。 9：30 ～ 17：00（季節により変動）、月休。

⑳⑤ 赤羽局

52.4.20

旧岩渕水門と荒川大橋（P192）
赤羽局が風景印を使用開始した 52（昭和 27）年当時は赤門が現役。北志茂一局は 91（平成 3）年なので、既に青門時代。 2 局の風景印で変遷がたどれる面白い例です。

◉9月5日（金）目黒の秋祭り3局

10：50、206目黒自由が丘局で集印。7日（日）、図案の目黒ばやしを見に熊野神社の祭礼に出かけました。目黒ばやしは江戸時代中頃に神藤増五郎という人が始めたもので、現在伝承しているのは今日演奏する「目黒ばやし保存自緑会」を含めて2団体だけ。目黒が農村だった当時、秋の収穫を祝って演奏されたのでしょう。9月、これから秋祭りのシーズンが始まります。

11：10、207目黒緑が丘局。図案に長屋門が描かれている岡田家は江戸時代から名主を務めていた旧家ですが、局員さんたちが「岡田さんち」と親しげに呼んでいたのが印象的でした。しかし現地を訪ねると、なんと岡田邸は改修工事中。長屋門がまさにここにあった、という生々しさでネットが張られています。江戸時代につくられた立派な白壁の門だったと聞きますが、改修後は果たしてどうなるのか……と心配していたところ、09年8月に再訪すると工事はほぼ終了。門も無事復活していました。

12：10、208中目黒駅前局。像になっている三沢初子は仙台藩伊達家の4代藩主綱村の母で、墓が正覚寺にあります。初子は歌舞伎『先代萩』のモデルで、お家騒動が起こった際に、敵方を信用させるために、幼い我が子が毒を呑んで死ぬのを黙って耐えた逸話で知られます。顔にも厳しさと哀しみ、微妙な感情が表れているように見えます。

コラム9　題材が遠い郵便局

風景印に描かれているからといって、その題材が必ずしも局の近くにあるとは限りません。私のように題材も見ることを目的としていると、局と題材が離れているとちょっとばかし難儀します。以下、巻末の地図と見比べながらお読みください。

多いのは集配局で、地域に密着した特定局と違い担当エリアが広いので、自然と題材も広範囲から選ぶことになるからです。私が探すのに苦労したのは301光が丘局の栗原遺跡で、直線距離にして約4㎞ですが、隣のエリアの集配局である302練馬局の方が2・8㎞とずっと近いんです。「光が丘」「竪穴住居」でネット検索してもまったくヒットしないので大変でした。

最近では63銀座支店が東京駅の図案になりましたが、これは東京駅周辺の集配業務が銀座支店に移管されたことの表れ。面白いのは中野区の55落合局で、薬王院もおとめ山公園も遠いというほどではありませんが、隣の新宿区にあります。これは元々、落合局は新宿北局落合長崎分室という位置付けでしたが、95（平成7）年に284新宿北局から独立して落合局となった際に局舎を新築することになり、それまで分室があった場所では広さが足りず、区を跨いで中野区域に入った現在地に移設されたという特殊な事情によるものです。だから落合局は中野区にありますが、実際には新宿区の郵

206 目黒自由が丘局

自由の女神像と目黒ばやし（P184）

風景印では墨ベタでわかりづらいですが、実際はこんな像です。名前からＮＹの自由の女神像のようなものを思い浮かべますが、背中に羽根の付いた裸婦像です。

演奏者は5人、前列が左から太鼓（オオドウ）、小鼓（シラベ） 2人、後列が左から笛（トンビ）、鉦（ヨスケ）。風景印は正確に再現しています。笛の演奏者に声をかけると 40 歳で始めて 20 年目だそう。こうしたものが口伝で 200 年以上も伝承されるなんてすごいことです。

208 中目黒駅前局

正覚寺鬼子母神堂と三沢初子像（P185）

207 目黒緑が丘局

岡田家長屋門（P184）

便物の集配業務を行なっています。

神宮外苑は青山にありますが、絵画館は300四谷局の風景印に描かれており、その四谷局は四谷駅でなく信濃町駅にあります。青山にある299赤坂局には迎賓館が描かれていますが、迎賓館は四谷駅の近くにあります。この地域も、局名や所在地、題材などが少しずつねじれた印象があります。

特定局にもあります。200上野黒門局は、名前の由来である黒門が荒川区の円通寺に移設されたため、黒門を見るには日比谷線で3駅ほど移動が必要です。166日本橋小舟町局は江戸時代から同町会が寄進している大提灯が台東区の浅草寺にあり、私は歩いてしまいましたが4㎞ほど距離があります。それぞれ歴史的な理由があってのことです。

かなり際立った例としては、311牛込局に描かれた学習院女子大正門は、明治通りを挟んだ目の前には284新宿北局があるのです。同大は牛込局の集配エリアなのかもしれませんが、私は時々新宿北局を利用するので、表に出てくる度に学習院女子大の正門が目に入って、やはり新宿北局の風景印に描かれていた方が適切なのでは？　と思ってしまいます。いずれにしても、これらの局と題材を梯子する方は、時間に余裕を持ってお訪ねください。

◉9月12日（金）千住の祭、残暑の東京ドーム8局

秋祭りの第2弾は北千住です。9：30、富士山が描かれている(209)足立旭町局。晴れた日は朝の4、5時台なら荒川の土手から見えるけど、車が走り出すと見えなくなってしまうそう。富士山前の小屋や人は「江戸時代にはこういう光景があっただろうというイメージなんです」と男性局長さん。切手は葛飾北斎の『武州千住図』を使用。富士山も遠くに見えるし、まさにこの風景印にピッタリです。

10：10、(210)北千住局。こちらに描かれている建物も江戸時代のイメージか……と思っていたら、北千住局の斜向いに現存するのです。横山さんという江戸時代から地漉紙《じすきかみ》問屋を営んでいたお宅で、なんと玄関には(200)で書いた彰義隊士が敗走する際に刀で斬りつけた痕もあります。上野からここまで距離がありますけど、戦いの影響はそんな広範囲に及んだんですね。11：20、(211)千住竜田局。「昔は今みたいに高い建物はなくて、宿場から富士山が見えていたんだと思います」と女性局員さん。そうか、荒川の土手に出なくても、当時は千住の街中から富士山が見えていたんですよね。とても想像ができません。

11：50、(212)足立宮元町局。翌13日（土）、図案の千住祭宵宮の神輿渡御を見に行きました。千住祭というのは千住地区の神社の例祭で、千住には旭町とか柳町とかいろいろな町名がありますが、宵宮はシンプルな千住（千住本町と呼ぶそうです）の1～5丁目が神輿を出し、旧日光街道沿いを練り歩きます。約1㎞の区間で、今年で26回目。見物記は次のページで。

東武線で墨田区に移動。12：45、(213)向島四局。図案の言問橋は在原業平が京から下ってきて「名にしおはばいざ言問はん都鳥　我が思ふ人はありやなしやと」と歌ったことが婉曲的に橋の名前の由来になっています。いまだにこの辺りは都鳥＝ゆりかもめがゆらゆら舞っていて、周囲にはホームレスのテントも多く、失恋して都落ちした業平が見たら、さぞ気が滅入ったであろうと思われます。晴れていれば爽やかなんですが。14：20、(214)墨田吾妻橋局。吾妻橋も「こんな真っ赤な橋だったっけ？」と色に驚かされたもののひとつ（P8）。袂のアサヒビール本社は以前はレンガ造りの重厚な建物が有名で（今は金色のオブジェが有名ですが）、てっきり図案も昔のアサヒビールだと思っていたら、「これは松屋さんなんです」と女性局員さん。確かに看板の形状などは似ていると思っていましたが、対岸の台東区側にある建物なので、違うだろうと勝手に決め付けていました。イコール東武浅草駅でもある松屋デパートは私もとても好きな建物で、ここから線路が日光・鬼怒川方面に続いていると思うと、ホームにいるだけで旅情を感じます。温泉地とか地方都市の終着駅みたいで、なんだかかいいんですよ。

00.9.5

⑳210 北千住局

千住宿と横山家、千住祭の神輿（P195）

00.9.5

211 千住竜田局

千住宿と富士山、区花チューリップ（P195）

00.9.5

209 足立旭町局

千住宿と富士山（P195）

写真は荒川の土手。早朝ならこの先に富士山が……。

00.9.5

212 足立宮元町局

千住祭の神輿、区木桜（P195）

千住祭はあまり有名ではありませんが、見物するとこれが中々いいのですよ。神輿の数が多過ぎないし、軒先の行灯がきれいで素朴。神輿は横山さん宅の前で高く掲げたり、左右に大きく傾げたり、要所要所で見どころをつくります。全行程で約２時間、すべてが程よくまとまっています。

84.12.14

213 向島四局

隅田川と言問橋（P182）

旧日光街道は現在は下町の商店街と化していますが、タイルやパネルなどで宿場町の面影を上手に演出しており、すっかりファンになってしまいました。名倉医院は 1700 年代半ば開業の骨接ぎで有名な病院で、夏目漱石の“坊ちゃん”も連れてこられたことがあります。

84.12.14

214 墨田吾妻橋局

隅田川と吾妻橋（P182）

15：55、今度は文京区に移動して215文京後楽局。16：30、216文京春日局では毎度おなじみ金曜夕方の混雑が始まっていましたが、窓口2つのフォーク並びだったので気兼ねせずに風景印を頼めました。フォーク並び万歳。シビックセンターは文京区役所やホールなどが入った超高層ビルで、文京春日局は1階にあります。地上25階には無料展望台があり、本郷局や東大安田講堂などが見渡せます。

局めぐりの後は東京ドームへ。暑さが続く夜はナイター観戦が似合います。金券ショップで観戦券をたった500円で入手できたので、16時過ぎに引換所に行くと3塁（ヤクルト）側の席のみ空いていました。元より私、アンチGといいますか、ラミレスと阿部くらいしかわからないので、3塁側、望むところです。もうプロ野球は下火かと思っていたのですが中々の盛況。この日は乱打戦で、ホームランってよくあれだけ球が飛ぶなとか、外野手って走ってベンチに戻るだけで疲れそうとか、感心しつつ観戦しました。同じ熱気の中で歌ったり掛け声を飛ばしたりして応援する楽しさは、ファンでない私にもよくわかりました。

◉9月18日（木）農業作家・徳富蘆花と謎の松6局

217杉並下高井戸局は下高井戸駅で降りてしまいそうですが、最寄りは上北沢駅です。9：40訪局。塚山公園にある竪穴式住居の復元模型は旧石器時代から縄文時代中期のもので、129で見た東山よりも古い遺跡。神田川が近くにあることが住環境に適していたと思われますが、3万年も昔から神田川はヒトの暮らしを支えていたのですね。

11：30、218世田谷粕谷局は都内では珍しい肖像入り風景印。今日9月18日は作家・徳富蘆花の命日であるため、ここを中心にルートを考えました。蘆花は自らを「美的百姓」と称し、農業をしながら文筆活動を行なった人。07（明治40）年から27（昭和2）年に亡くなるまで住んだ家屋を保存したのが蘆花恒春園です。雨の命日に訪れていた人は私以外全員女性。素朴な生き方が女性をひきつけるのでしょうか。13：50、219成城局も図案は蘆花恒春園。でも建物が微妙に違うのでは？……と気づいた人はスルドイ。蘆花の家は母屋の他に2棟建て増しをしており、計3棟が渡り廊下でつながっています。世田谷粕谷局は東にある母屋、成城局は西にある秋水書院、その間に梅花書屋という建物があって、2局はそれぞれ別の棟を描いていたのです。

15：05、220世田谷砧《きぬた》局。砧緑地公園は秋晴れの清々しい日だったら、風景印みたいに家族連れが団らんしているのでしょうけど、無情にも冷たい雨。40（昭和15）年、東京府が計画した六大緑地のひとつで、戦時中は農地化され、終戦後にはヤギや乳牛を飼育し、来場者がミルクを飲めた時代もあったそうです。その砧緑地公園の一画にあるのが221世田谷桜丘三局に描かれた世田谷美術館です。

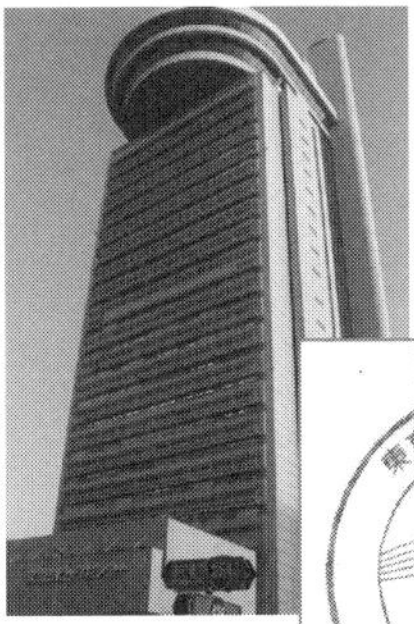

文京シビックセンター（P178）
展望ラウンジは9：00～20：30。

216 文京春日局

215 文京後楽局

東京ドームとシティアトラクションズ（P178）
今は後楽園ゆうえんちと言わないのですね。私も小学生の頃はG党で、好きだったのは柴田、山倉、松本……渋好みなんだよなあ、と思い出していたら、恐るべき神通力。この日、ドーム前の広場で見たトークショーのゲストは柴田勲さんでした。

217 杉並下高井戸局

塚山公園と竪穴式住居復元模型（P189）
目測で直径10ｍくらいあり、子供が2人の4人家族な分、住まいも東山より広め。面白いのは園内の水飲み場やゴミ入れなども縄文土器の形をしていることです。

218 世田谷粕谷局

徳富蘆花と蘆花恒春園（P187）

220 世田谷砧局

砧緑地公園（P187）

219 成城局

世田谷粕谷局の近く、御和菓子司・弥生で「蘆花最中」発見。130円。8：30～18：30。

221 世田谷桜丘三局

世田谷美術館、区花さぎ草（P187）

蘆花恒春園と蘆花夫妻墓碑、成城学園前の銀杏並木（P187）
蘆花恒春園は9：00～16：30。園内の記念館には世田谷粕谷局の風景印も展示されていました。家の内部はオルガンもあり豪華。農耕作家と聞き勝手に貧乏なイメージを抱いていましたが、蘆花は50万部を超えた『不如帰』をはじめベストセラーを連発していたので、資産的には裕福だったようです。

さて本書全375局の中で、ある意味最も苦労したのが18：00、㉒千歳局です。『風景スタンプ集』には「世田谷登録保存樹・松」としか書かれておらず、どこの松かは一切不明。千歳局に電話すると男性局員さんが資料を調べてくれましたが「図案を描いた方の名前は載っていますけど、どなたかわかりませんし、局員も入れ替わってしまい、今いる局員では調べようがないと思います」とのこと。90年にマイナーチェンジがあったものの、32年前からほぼ同じ図案を使っているので致し方ないことですが……。09年5月、世田谷区役所に電話して知ったのですが、登録保存樹というのは個人や団体所有の木に限り、公園など公共の木は含まれないそうです。続きは次ページ。

◉9月19日（金）糸瓜の棚と萩のトンネル2局

11：50、㉓台東根岸二局。本日は俳人・正岡子規の命日、糸瓜忌。根岸にある旧居・子規庵を訪ねると、続々とお客さんがやってきます。実際に子規が住んでいた住居を再建した和風の建物内に所狭しと展示がなされていて、その暮らしぶりがよくわかります。病を患った子規は文机にもたれて庭にぶら下がる糸瓜を眺めるのが好きだったそうで、入館者も机の前に座り同じ眺めを疑似体験できます（机は体の悪い子規が左足を立てて座れるよう、板の一部が四角く切り取られています）。

13：20、墨田区に移動。㉔向島局。向島百花園は180０年頃に佐原鞠塢《きくう》という粋人が元旗本の屋敷を購入し、文人墨客の協力を得てつくった庭園。松尾芭蕉の句碑など多くの碑があり、四季折々の花が楽しめる風雅な趣向が凝らされています。で、問題は風景印の左上にぶら下がっている花房。藤と見るのが一般的でしょうが、もしや萩なのでは？　というのが9月に集印した理由です。萩ならもっと低いところに生えるはずですが、実はこの向島百花園には全長30ｍの「萩のトンネル」という名物があって、写真のように頭上から垂れ下がる萩を見ることができるのです。これなら風景印のようにも描けますよね。

◉9月22日（月）巣鴨発、旧中山道の旅7局

秋晴れを期待したのですが、残念ながら小雨模様。9：30、㉕巣鴨駅前局。高岩寺のとげぬき地蔵ばかり有名な巣鴨ですが、商店街の入口には真性寺の巨大な地蔵尊があります。「江戸六地蔵」と言って、江戸の六街道筋に建立されたお地蔵さんのひとつ。ここ巣鴨は旧中山道の表玄関とも言えます。ところが。寺の門を入るといつもドーンと出迎えてくれる地蔵様が消えているではありませんか！（理由は次ページに）

同じ真性寺に松尾芭蕉の句碑があります。「白露もこぼれぬ萩のうねりかな」。芭蕉の百年忌に採茶庵梅人らが建てたもので、当時の真性寺境内には今の季節、萩の花が咲いていたのかもしれません。10：40、㉖巣鴨局。

江戸城の兄弟松、区鳥尾長、区花桜（P187）

この松を探すには２つ壁があって、ひとつは個人情報だということ、もうひとつは区内の保存樹は2500件近くあることで、その数を聞いた時は万事休すかと思いました。ですが女性職員さんが「スタンプになるくらいなら区の名木100本に選定されているかも」しかもその100本なら情報も公開しているというのです。早速、世田谷区役所に出向き、100本の写真が載ったパンフレットを目を皿のようにして見ていくと、見つかりました！　この木は桜上水の早苗保育園にあり、1600年代に江戸城に納められたものと同じ系統の、由緒ある松だったのです。苦労しただけあって実物を目にした時は感動しました。

㉒２ 千歳局

90.11.30

76（昭和51）年使用開始の図案に、90（平成２）年に「東京」を付加。

㉒４ 向島局

75.7.20

向島百花園と言問橋（P182）

㉒３ 台東根岸二局

04.2.2

子規庵と糸瓜棚、書道博物館（P181）

庭には今日も30cmほどの糸瓜がなっていましたが、敷地内は撮影禁止なので、販売していたポストカードを掲載。10：30～12：00、13：00～16：00、月休、大人500円。

㉒５ 巣鴨駅前局

99.11.11

真性寺地蔵尊、染井吉野発祥の地碑と桜並木（P190）

蓮台を含めて３m 45cmもある地蔵尊。造立から294年が経ち、破損箇所が目立ってきたため、08年８月上旬から修理を開始し、完成は2010年５月予定。修理中は姿可愛らしい身代わり地蔵尊が設置されています。長い歴史の中で見ればわずか２年弱の身代わり時代を撮影できたのは貴重だったかもしれません。

㉒６ 巣鴨局

99.11.11

松尾芭蕉句碑、地蔵通り商店街、区花つつじ（P190）

採茶庵は❽❷で紹介した門人・鯉屋杉風の別宅で、この碑の建立者・採茶庵梅人はその後継者でしょうか。

11：20、227西巣鴨局。自動ドアの脇に「車いすでご来局の方は呼び出しボタンを押してお待ちください」と書いてあるのは、お年寄りの街ならではの心遣い。都電の庚申塚駅を越えると歴史のありそうな家屋も散見され、9月12日の旧日光街道に続き、ちょっとした歴史散歩気分です。

旧中山道はJR板橋駅を越えると、太い現中山道と交差し、また細い商店街に戻りますが、228板橋局はその交差点にあります。12：15訪局。ここの題材の「駅馬模型」も調べるのに苦労したひとつで、ネットではまったくヒットせず、局員さんに聞いても詳細不明……。板橋宿は日本橋を出発して旧中山道1番目の宿場。観光者向けの案内も充実しており、その拠点である「いたばし観光センター」に行けば、ひょっとしたら模型のこともわかるかなと淡い期待を抱いていたのですが、そううまくは行くはずは……あったのです。ラックの紙資料に目をやると、まさにあの模型の写真が載っているではありませんか！　さらに年輩のボランティア解説員の方が教えてくれるには、この模型を所蔵しているのは遍照寺という寺ですが、一昔前に廃寺になってしまったのだとか。まったく情報がなかったので助かりました（後に、駅馬模型は現在は板橋区立郷土資料館に収蔵されていることが判明）。

14：10、229板橋四局。現地には本当に、こんな木橋みたいなのが今もあるんですね。もちろん欄干は木造風につくってあるのですが、里程標には本物の木が使われ、ここだけ現代からワープしたような中々面白い眺めです。橋の袂にはおむすびなどを売る店もあり、江戸時代の旅人がここでホッと一息ついた気持ちがわかるようです。

やがて旧中山道は現中山道と合流し、その道沿いに230板橋志村局があります。16：00訪局。中山道を進むとこんもりとした木が見えてきて、それが志村一里塚です。徳川家康が1604年に設置を命じたもので、各街道に日本橋を基点に一里（4㎞弱）毎に築かれました。志村は中山道3番目なので日本橋から約12㎞ということになります。16：40、231板橋北局の題材も志村一里塚ですが、いやホント、この一里塚は見事な眺めです。中山道の左右両脇にあり、大きさは約9ｍ四方。自動車で走ってきても、これが目に入ったらハッとすると思います。当時の塚は高さ3ｍ程度で、石積みがなされたのは昭和だそうですが、近隣に高い建物がなかった江戸時代にはその存在感は尚更だったでしょう。幕末以降、多くの一里塚が消滅してしまい、現在都内に残るのは北区西ヶ原とここのみ。風景印のお陰で貴重なものを見られました。板橋北局からさらに2㎞ほど歩くと荒川の戸田橋に達します。江戸時代は戸田の渡しという渡し舟が通っており、これを過ぎるといよいよ旅も本番。京都まで全行程532・2㎞、いつかは歩いてみたいものです。秋には街道めぐりが似合います。

99.11.11

227 西巣鴨局

染井吉野発祥の地碑、都電と桜、区花つつじ（P190）

左が現、右が旧中山道。

76.8.15

228 板橋局

板橋と駅馬模型、宇喜多秀家の墓（P193）

板橋区教育委員会「中山道解説ノート」より転載

遍照寺は宿場時代には公文書伝達用の伝馬などがつながれていた場所。参道跡には今でも石碑が数基見られますが、馬頭観音の石仏からは死んだ馬が大切に供養されていたことが伝わりました。

宇喜多秀家の墓は東光寺にあります。秀家は関が原の戦いで敗れ八丈島に流されましたが、270 年後の明治時代になって赦免され、子孫が建立しました。秀家の妻が前田利家の娘で、前田家の下屋敷が板橋にあった縁でした。

板橋（P193）

板橋は鎌倉時代の文書にはすでに登場し、江戸時代には太鼓状の長さ約 16 m、幅 5 mの木橋でした。

05.2.25

229 板橋四局

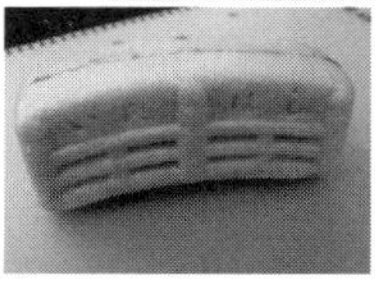

新月堂で名物の「いたばし最中」126 円を購入。江戸時代の板橋を再現したもので、とても可愛らしいです。熱い緑茶に和菓子というのも、街道土産にはぴったりでは。9：00 ～ 20：00、水休。

76.8.1

231 板橋北局

志村一里塚、戸田橋と笹目橋（P193）

05.2.25

230 板橋志村局

志村一里塚（P193）

◉9月24日（水）新宿高層ビル街の庶民の祭り10局

天高くビルがそびえる西新宿……ということで今日は、晴れ渡った秋空を背景に超高層ビルを眺めて歩きたいと思います。10：00、232代々木二局。新宿高層ビル街の風景印はいくつかありますが、代々木二局の印が一番多くのビルを描いており、最も摩天楼っぽさが表れているのではないでしょうか。この風景印ができたのは93（平成5）年で、それから15年の間に新宿南口からの景色は一変しました。当時は風景印のように都庁舎なども見渡せたのかもしれませんが、今ではすっかり視界を遮られています。09年現在、新宿には約40棟の超高層ビルがあります。

代々木方面から甲州街道に出て西側を見上げるとＫＤＤＩビルが見えます。今日に備えて各ビルの形状を下調べしたのですが、ＫＤＤＩビルは上層階に窓がなく屋上にアンテナが建っているのが目印。10：25、233ＫＤＤＩビル内局の男性局員さんに風景印の右端のビルがＫＤＤＩビルですよね、と確認すると「手前に描かれているので多分そうだと思います」との返事。毎日勤務しているビルでも形状なんて認識していないものですよね。

10：55、234新宿パークタワー内局。このビルはさすがにわかります。屋上に三角形の尖塔がある三層構造で、風景印は新宿中央公園側から見た図だと思います。最上階52階に昇るといきなりレストランのボーイさんが待ち構えていますが、ちょっと景色だけ眺めさせてもらえませんかと聞くと「どうぞどうぞ」と気のいい返事。天気のいい日は富士山も見えるそうで「毎日見てても飽きませんね」と話していました。で、その窓から次の被写体を撮影。東京オペラシティは97（平成9）年にオープンした、ホールや劇場が集まったエリア。公演のない昼間は近隣に勤めている人たちが本を読んだり弁当を広げたりと、のんびりしています。12：15、235東京オペラシティ局。

14：20、236新宿第一生命ビル内局。このビルは他の超高層ビルに比べるとやや低め。第一生命ビルとハイアットリージェンシーの2棟が翼状に広がっているのが特徴です。やわらぎの像は新宿中央公園にあり、風景印では第一生命ビルの正面を仰ぐように描かれていますが、実際にはビルの背中を仰いでいます。14：45、237新宿三井ビル内局。ビルの外観は黒が基調で、短い辺には「×」が連なっているのが特徴。窓には鏡のようにきれいに他のビルが映っています。15：10、238新宿アイランド局。男性局員さんに押し位置を指定すると、紙に切手と印の絵を描いて「こうですか？」と確認してくれます。やはりハート型だとお客さんも注文が多いようで「記念切手だと取り返しがつかないですからねえ」と局員さんの気苦労が偲ばれました。ビルはかまぼこ型の頭頂部が特徴です。写真は次の野村ビルの展望台から撮影。

㉝3 ＫＤＤＩビル内局

01.1.15

KDDI ビルと新宿高層ビル街（P177）
74（昭和 49）年建設、地上 34 階 164 mです。電話図案の切手で 10 月 1 日に再集印。

232 代々木二局

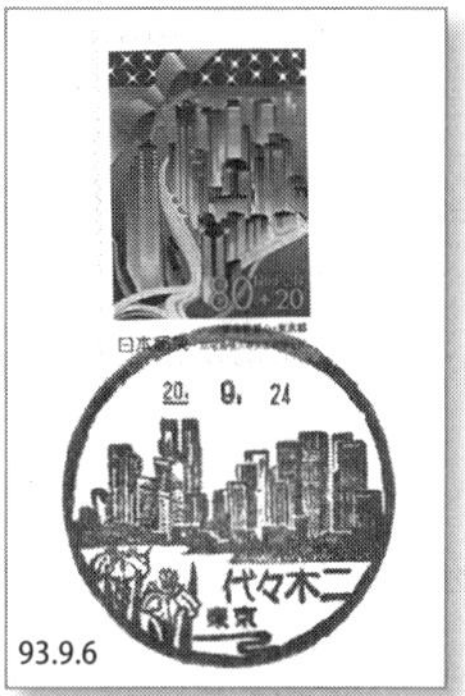

93.9.6

新宿西口高層ビル街、区花花菖蒲（P188）

234 新宿パークタワー内局

99.4.20

新宿パークタワー、欅、区花つつじ（P177）
94（平成 6）年建設、地上 52 階 235 mで、新宿では第 3 位の高さを誇ります（1 位は都庁、2 位は NTT ドコモビル）。

235 東京オペラシティ局

96.8.8

東京オペラシティ（P177）
地上 54 階 234 mでパークタワーに次ぐ第 4 位です。オペラシティの手前にある扇形のビルはＮＴＴ新宿ビル。

238 新宿アイランド局

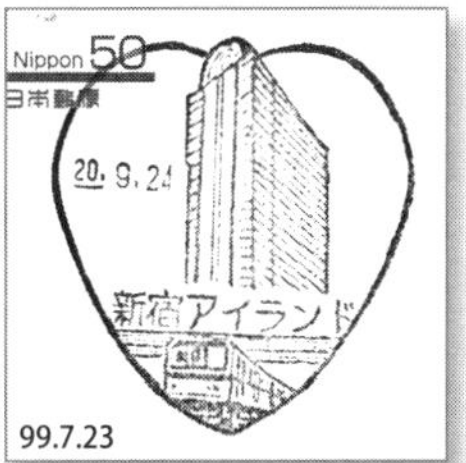

99.7.23

新宿アイランドビルと地下鉄（P177）
95（平成 7）年建設、地上 44 階 189 m。

236 新宿第一生命ビル内局

81.2.5

第一生命ビルとやわらぎの像（P177）
80（昭和 55）年建設、地上 26 階 117 m。

237 新宿三井ビル内局

99.11.14

新宿三井ビルと富士山（P177）
74（昭和 49）年建設、地上 55 階 225 m、当時は日本一の高さでした。富士山について尋ねると「高層階のテナントに郵便物を受け取りに行った時に見えました！」と女性局員さん。高層階にある飲食店に入れば見えるかもしれません。

15：35、㉓⑨新宿野村ビル内局。風景印だとビルの中央が凹んでいるように見えるのですが、実際には出っ張っています（私の目が変なのか？）。

18：40、㉔⓪新宿局。風景印の図案は左は都庁、右はてっぺんに2つのツノがあるので京王プラザだと思います。ここは71（昭和46）年に建設された西新宿超高層ビルの草分け的存在であることに敬意を表し、さらに新宿局から近いこともあって描かれているのかなと想像。家に帰ってから次ページの俯瞰写真を見直すと、ちゃんとどれがどのビルか合致しました。10年間新宿に住んでいる私でもつかみどころがない西新宿新都心でしたが、今日の散歩でようやくその全体像がつかめてきた気がします。

遡りますが16：35、㉔①西新宿八局。今日は成子天神のお祭で、路地裏に喧騒が聞こえてきます。成子天神はビルの谷間の神社という表現がふさわしく、その裏手にはごく最近まで新宿とは思えぬくらい古い木造住宅が軒を連ねていました。でもこの成子ばやし、結論から言うと今年は中止だったのです。代表者の方を探し当てて電話で聞くと、なんと去年までは行なっていたのが、練習に使っていた空き家が再開発で取り壊されてしまったのだそう。でも再開発が落ち着いたら復活したいと語っておられました。80（昭和55年）に始まり、せっかく25年以上続いた歴史、ぜひ絶やさないで欲しいです。

コラム10 消える都心の風景印

07（平成19）年の郵政民営化を機に、地方で簡易郵便局の閉鎖が相次いだという話題を聞いた方も多いと思いますが、実は東京都内でも民営化以前から郵便局の統合や一時閉鎖が進み、入手できなくなる風景印が出てきていました。次にあげる局がそうですが、7年間で11局ありました。

02年3月26日　千住大橋局（荒川区）
02年9月30日　東京小包局（江東区）★
02年9月30日　羽田局（大田区）★
03年8月29日　三田台局（港区）★
04年6月25日　新丸ノ内ビル内局（千代田区）
04年10月31日　目白局（豊島区）
05年10月21日　江東清澄局（江東区）
05年10月28日　日本橋兜町局（中央区）
06年5月26日　京橋二局（中央区）
07年8月24日　新宿住友ビル内局（新宿区）
08年7月18日　日本橋通局（中央区・P72）

一見して千代田、中央、新宿区など都心が多いことがわかりますが、民営化で業務の合理化や統合を考える際、第一にターゲットになるのは郵便局が密集している地域です。閉鎖しても近くに別の局があるから、利用者への影響も少ないというわけです。閉鎖日に局員さんに理由を聞いてみると、新丸ノ内ビル内局はビルの建替えが行

西新宿高層ビル街と平和の鐘、区花つつじ（P177）

239 新宿野村ビル内局

78.10.20

野村ビル、区花つつじ（P177）
78（昭和 53）年建設、地上 50 階 209 m。

240 新宿局

99.1.1

96 年の国土緑化切手には都庁ビルと京王プラザと思われるビルも描かれており、この風景印にはちょうどいいのではないでしょうか。

局内には局長さんの趣味でポストの模型やブリキのおもちゃ、ホーロー看板などがきれいに展示されています。

241 西新宿八局

98.5.11

成子ばやしと西新宿高層ビル街（P177）
右写真は夜神楽。演目は『神剣幽助』といい、刀をつくるときに人間でない者の力が助けてくれる（幽助）という内容。約 2 時間のうちに 50 人くらいの見物客が集まってきて中々の盛況。高層ビルの谷間にこんな楽しみがあるのです。

なわれ、改築されたビルには郵便局を置かない例。

新宿住友ビル内局はビルのテナント契約期間が終了したのを機に、契約を更新しなかった例でした。

つまり、強制的に廃局はしないものの、閉じるきっかけがあれば閉鎖になりやすい状況に東京都内の郵便局はおかれているということです。

前述のうち、★印の3局以外は「一時閉鎖」扱いなので復活する可能性もゼロではありませんが、ここに掲載した風景印はもう入手できない貴重なものかもしれません。コレクターとしては風景印が減ってしまうのは寂しいので、合理化の波は一段落したと思いたいところです。

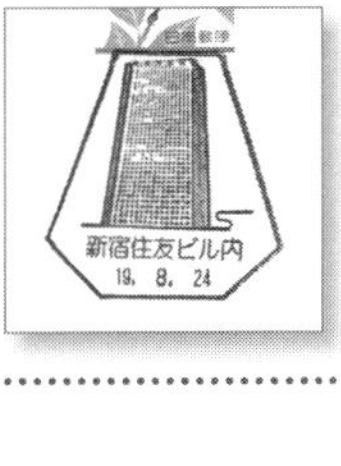

10月◉都電沿線と文化薫る秋祭り

◉2008年10月1日（水）記念日だらけの1日9局

今日10月1日はいろいろな記念日に該当しています。最初に来たのは日本郵政グループのお膝元、㉔②千代田霞が関局。1年前の07（平成19）年10月1日に郵政民営化が実現し、今日が1周年というわけです。9：15、男性局員さんが見事な押しっぷり。ここの局員さんは皆上手なんですかと聞くと「記念押印のお客さんが多いので、私はうまくなったかもしれません」と笑っていました。同じフロアにはポスタルショップ（郵便キャラグッズや趣味の切手も売っているコンビニ）と、切手枠型の壁鏡がユニークなポスタルカフェがあります。図案の天球儀付きポストは郵便120周年を記念して91（平成3）年に設置されたもの。

64（昭和39）年10月1日には東海道新幹線が開通しました。10：25、㉔③東京交通会館内局。同ビルはパスポートセンターが有名で一見公共施設みたいですが、母体は東京交通会館という名前の株式会社で、63（昭和38）年に建設。写真はJR有楽町駅のホームから撮影。

そして10月1日は都電荒川線の日でもあります。74（昭和49）年のこの日、2つの系統が1本化され、都内に唯一残る都電荒川線が誕生しました。ここから先はしばらく都電沿線めぐりをします。始発駅の三ノ輪橋から乗って、2駅先の荒川区役所前駅で降りると12：25、㉔④荒川局。ここに描かれているビル群・リバーハープスクエアはJR南千住の駅前に00（平成12）年に完成しました。十数年前までは隅田川貨物駅の広大で荒涼とした風景だけが広がっており、街灯も少なく夜には危険な感じもしましたが、開発が進んでみると、昔の怪しさが懐かしく思えます。

12：50、線路を跨いだ反対側に㉔⑤荒川南千住局。図案の左側に「みのわばし」と書かれた道標がありますが、三ノ輪橋駅には見当たらなかったと話すと、局長さんが「これは三ノ輪橋駅から日光街道に出て常磐線のガードをくぐったところにあるんですよ」と教えてくれました。都電で2駅逆行、教えられたとおりに行くと見つかりました。

飛鳥山駅で降りると14：15、㉔⑥王子本町局。北区役所第二庁舎の1階に併設されています。風景印を押しに来る人が多いそうで、やはり都電人気は高し。名主の滝公園は幕末に名主が開設した庭園で、武蔵野台地の突端にあたり滝の名所だった王子に最後に残ったのが名主の滝です。

東京交通会館と東海道新幹線
(P170)
東京交通会館はアンテナショップの名所。美味しい地方物産の宝庫です。

㉔③ 東京交通会館内局

㉔② 千代田霞が関局

㉔④ 荒川局

日本郵政グループ本社と記念ポスト
(P170)

都電、リバーハープスクエア、区花つつじ (P189)
ローカル感漂う始発の三ノ輪橋駅。

㉔⑤ 荒川南千住局

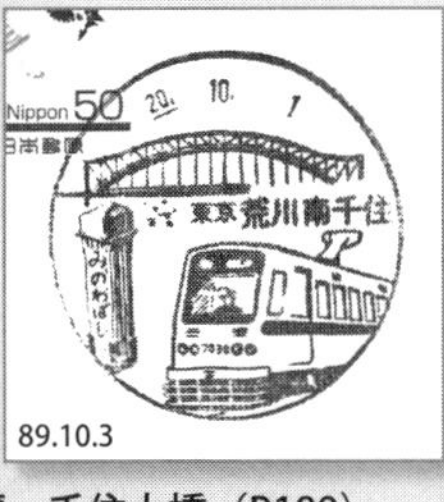

都電とみのわばし道標、千住大橋 (P189)
ちょっと図案とは形が違いますが、「石神井用水(音無川)と日光街道が交差する地点に架かっていた橋で江戸府内と府外の境界となっていた」と三の輪橋の説明が書かれています。

都電おまけコーナー

荒川車庫前駅で下車。昔の車両を使った展示施設「都電おもいで広場」は土日祝 10:00 ～ 16:30。

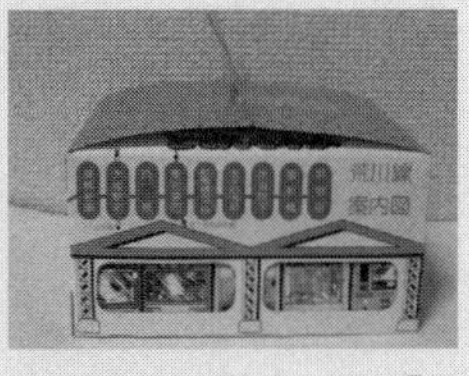

梶原駅近くの菓匠明美の「都電もなか」は 10 個入りで 1450 円。10:00 ～ 19:30、月休。

㉔⑥ 王子本町局

都電、名主の滝公園 (P192)

15：30、247西ヶ原四局。124葛飾局のモーツァルトに続き2人目の外国人、ゲーテの登場です。ゲーテは『ファウスト』などで知られるドイツの文豪で、その詩や戯曲にはシューベルトら多くの作曲家が曲を付けているので、10月1日「国際音楽の日」にもかけてみました。東京ゲーテ記念館はゲーテ研究家の故・砂川忠氏が設立、ワイマールにあるゲーテの住居をイメージしているそうです。この日は「ゲーテの言葉展」と題された展示で、人生の真理に満ちた言葉の数々が並んでいたので、その中から一文をメモって来ました。『何をなすべきか、いかになすべきかのみを考えていたら、何もしないうちに十年が経ってしまうだろう』。今年風景印散歩に本腰を入れようと思った私の気持ちも近いものがあります。ちとオーバーですが。

西ヶ原四丁目駅から都電に再乗車、巣鴨新田駅で降りて16：05、248西巣鴨一局へ。局長さんに「試し押しした？」と聞かれた女性局員さんは「試し押しの方が本番よりうまく押せたりするんですよねえ」と答えていて、まさにその通りと思いました。『試しがうまく行っても本番がうまく行くとは限らない』、これもゲーテ記念館に飾っておいてほしいくらいです。向原駅で下車して16：40、249豊島局。図案の千登世橋は32（昭和7）年、明治通り（都電沿い）と目白通り（高架）の高低差を利用して架けられた、当時としては珍しい立体交差橋でした。図案のように都電と階段を一緒に撮るのは植込みがあって難しいです。

そして本日最後の記念日は「都民の日」。17：45、ギリギリで250東京都庁内局に到着。女性局員さんが今日は風景印を押しに来た人が多かったと言うので、都民の日だからかと驚くと、今日は都の銀杏マークが描かれたe−センスカード（広告の入った絵葉書）の発売日だったからだそうです。私も朝イチに来たら行列に巻き込まれていたに違いなく、偶然最後に回してよかったです。というわけで今日は5つの記念日を横断しました。思うに下半期の始まりである10月1日は、年度始めの4月1日ほど慌しくなく、かつ区切りも気候もよいので様々な記念日が集中するのかなと推測しますが、他県ではいかがでしょうか？

◉10月3日（金）江古田の獅子舞と思索の公園2局

今日は5日（日）に江古田氷川神社で獅子舞が奉納されるのに先立ち、風景印を押してきました。16：20、251中野北局。17：30、252中野局。5月の長崎神社のようにこじんまりしたものを予想して行ったら、神楽殿の前に立派な舞台が組まれ、大勢の見物客が集まっていたのでびっくり。13時半にスタートし、演者は全7組、なんと21時頃まで続くそうで、ここは後継者難の心配はなさそうです。その後に足を延ばした哲学堂公園は04（明治37）年に東洋大学の創始者である井上円了が開設したものですが、私が知る最も変わった公園であり、とても好きな公園なのです。

247 西ヶ原四局

都電と東京ゲーテ記念館（P192）
東京ゲーテ記念館は 11：00 ～ 17：30、日月祝休。展示は季節限定。『ファウスト』の一節が書かれた切手で再集印。

都電のルートを少しそれると西ヶ原の一里塚。将軍が日光東照宮に参詣する日光御成道に設置されたものです。

248 西巣鴨一局

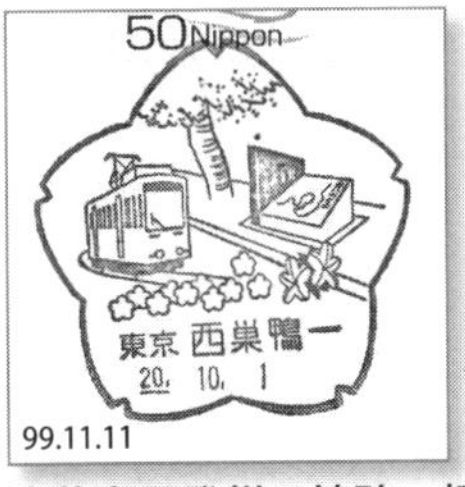

染井吉野発祥の地碑、都電と桜、区花つつじ（P190）

250 東京都庁内局

東京都庁舎、都の銀杏マーク（P177）
都庁外観は9月 24 日撮影。

249 豊島局

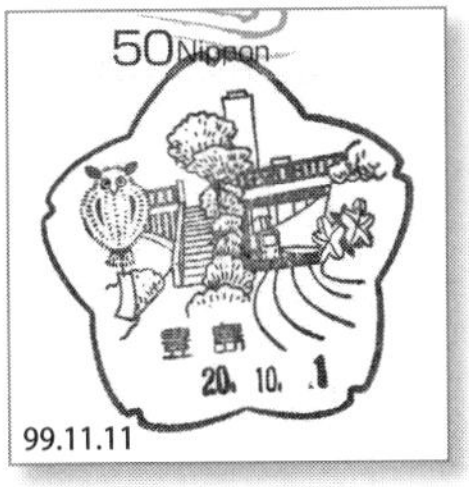

都電と千登世橋、すすきみみずく、区花つつじ（P190）

251 中野北局

江古田の獅子舞と哲学堂公園（P188）
写真は大獅子が笹を飲み込む『笹の舞』。イナバウアー（頭を後ろに反らせる）が見せ場で、お客さんからも拍手とおひねりが飛んでいました。

252 中野局

哲学堂公園と中野サンプラザ（P188）

左は「無尽蔵」内部。

4～9月は8：00 ～ 18：00、10 ～ 3 月は 9：00 ～ 17：00。哲学堂公園の建造物や像には「髑髏庵」「意識駅」など哲学的な名前が付いています。注目は建造物の内部が公開されるGW、10月の土日祝。図案にある「六賢台」も期間中は扉が開き中に上がれます。他の建物にも孔子や釈迦の像が祀られたりしていて、神秘的な雰囲気を味わえます。

◉10月10日（金）記念日だらけの第2弾7局

10月1日に続き、10月10日も様々なメモリアルデー。そのひとつが体育の日で（現在はハッピーマンデー方式）、44年前の今日、東京オリンピックが開幕したのが起源です。過去の統計で10月10日は晴天が多かったため開幕式に選ばれたという通り、本日も気持ちのよい青空です。

9：10、㉕③世田谷用賀局。馬事公苑は東京オリンピックの馬術競技が行なわれた場所。「苑」の字は動物がいる場のことで、植物の「園」とは区別しているそう。東京ドーム約4個分の広大な苑内では平日の午前中から、競馬学校の訓練生などが乗馬の練習をしています。馬は遠巻きにしか見られないと思っていたら、苑内を歩いていると普通に馬が正面から歩んできて、すぐそばには乳母車を押したお母さんが歩いていたり人馬が共存しているのが新鮮です。

11：45、254目黒八雲五局。駒沢オリンピック公園は区境にあるため177世田谷駒沢局などにも描かれています。

12：15、255目黒柿ノ木坂局。柿ノ木坂はかつてはもっと勾配の急な坂だったそうです。大きな柿の木があった説と、野菜を運ぶ荷車から子供たちが柿を抜いた（柿抜き坂）説とがあるようですが、少なくとも現在は柿の木はなく、代わりに銀杏の並木が見事です。

14：05、256新宿馬場下局。例年高田馬場流鏑馬は体育の日に開催しており、今年は週明けの13日（月・祝）です。高田馬場は江戸幕府の弓馬調練所だったところ。38で流鏑馬は1728年に八代吉宗が世嗣の疱瘡平癒祈願のために復活させたと書きましたが、その時に奉納されたのが穴八幡宮。現在でも大きな流鏑馬の銅像があります。その後、何度も中断と再開を繰り返し、79（昭和54）年から今と同じ戸山公園内で行なわれています。開催当日、馬は5頭で御殿場と河口湖からはるばるやって来ました。約250mのコースに的は3つ。今回はスタート近くに陣取ったため、第1射手が走り出す前に行なう扇の儀も見ることができました。馬は気分が乗ったらいきなり走り出してしまうので、万全の準備が整って「よし行くぞ」という感じではなく、あれじゃ的を射るのもさぞ難しいだろうなと思いました。馬事公苑に続き馬に縁のある週末です。

14：50、257日本橋三井ビル内局。図案が日銀なので、日銀の職員さんで風景印で手紙を出しに来る方もけっこういるとか。風景印の題材になっている企業や施設は、郵便物を差し出す際に風景印を使えばいいアピールになりますよね。日本銀行は1882（明治15）年10月10日に開業。公的資本と民間資本により存立する独立法人で、国家の政策に即し通貨や金融の調節を行ないます。開業は永代橋そばで、1896（明治29）年に江戸時代の金座があった現在地に移転。近代洋風建築シリーズにも選ばれた重厚な旧館は、事前申し込みで見学もできます。

81.5.15

❷❺❸ 世田谷用賀局

馬事公苑とけやき並木（P187）
9：00～17：00（11～2月は～16：00）。

86.10.23

❷❺❹ 目黒八雲五局
駒沢オリンピック公園とガードレール（P184）

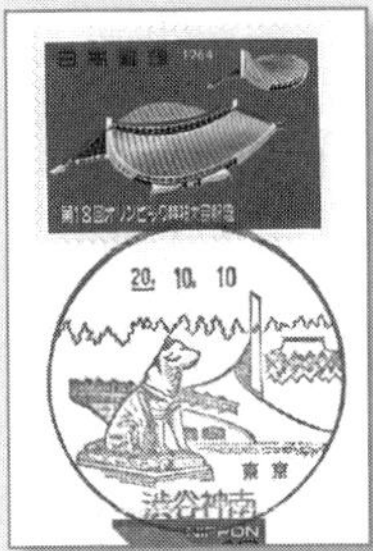

00.5.15

❷❺❺ 目黒柿ノ木坂局
柿ノ木坂銀杏並木（P184）

❸⓿⓿ 四谷局

東京オリンピックの際には4つの会場を描く記念切手が発売され、それぞれに合う風景印もあるので掲載します。⓫❸渋谷神南局は代々木体育館。❷❸麹町局は日本武道館。❸⓿⓿四谷局は国立競技場。これらの会場を跨いで人々が東京中を往来していたのかと思うと、ポスト五輪世代にも規模の大きさが想像できます。

02.10.21

❷❺❼ 日本橋三井ビル内局

99.11.11

❷❺❻ 新宿馬場下局

日本銀行本店、区花つつじ（P173）
旧館見学は平日の９：45から４回、所要時間は約１時間。希望日の１週間前までに申し込み。扉の重さだけで25 ｔもある地下金庫や日本で２番目に古いエレベーターなどを見学。ユニークなのは参加者に廃棄紙幣を裁断した袋詰めをプレゼントしてくれること。約３枚分入っていますが「つなげても１枚の紙幣にはなりません」。併設の貨幣博物館は９：30～16：30、月祝休。

高田馬場流鏑馬と夏目漱石誕生の地碑、早大大隈講堂（P177）
１頭の馬が興奮気味で、何度もいななないては白目を剥いて足をばたつかせる場面も目撃。馬は可愛いだけじゃないなと感じました。

あとはまわれる局に行こうと思い、16：50、同心と十手の図案で人気の高い㉘中央八丁堀局へ。１６３５年に江戸城下を拡張した際に、八丁堀には徳川家の直臣である与力とその配下である同心の屋敷町が形成され、江戸の治安に貢献しました。昭和通りを歩き、図案は奥の方に歩道橋らしきものが見えるので、大体この辺りがモデルかなと見当をつけました。この往来を１５０年くらい前には十手を手にした同心が歩いていたのですねえ。切手の図案は江戸城内ですが、小さく侍が歩いていてるので使いました。

17：50、259八重洲地下街局。局内は窓口２つ分の極めて小さなスペース。東京駅から直結の便利な場所で、金曜日ということもあり、お客さんが列を成しています。１６０９年にオランダのリーフデ号が豊後に漂着。乗組員だったウイリアム・アダムスとヤン・ヨーステンは江戸に移り、徳川家康の信任を得て外交や貿易について進言しました。屋敷は江戸城近くに設けられ、八重洲という地名はヤン・ヨーステンの名前が由来。八重洲中央口から垂直に延びる通りの中央分離帯に彼の像はあります。

◉10月14日（火）鉄道記念日６局

9：30、曇天の平日、官庁街に出勤する人々に紛れて260霞が関ビル内局へ。霞が関ビルは68（昭和43）年に竣工した地上１４７ｍの我が国初の超高層ビル。風景印は77（昭和52）年使用開始ですが、当時とは隣接するビルもだいぶ変わり、図案との対比が難しくなっていました。すると今年が丁度40周年アニバーサリーだったため、外壁に竣工当時の写真がプリントされていて、まさに風景印と同じ角度から撮ったようなものも見つかりました。

11：05、261帝国ホテル内局は来る度に迷ってクロークで聞くのですが、宝塚劇場側、図案でいうと奥の高層部と手前の低層部の間の通路に面してあります。局員さんの背後を見ると、風景印で消印済みの角封筒が10通ぐらいあり、先客がいた様子。帝国ホテルは１８９０（明治33）年の創業で、マリリン・モンローやチャーリー・チャップリンも泊まった憧れのホテル。私は一生宿泊することはないでしょうね……。日比谷公園は木々が色づき始めて秋色。ここから眺めるくらいが私には丁度いいようです。

12：05、近年再開発が進んだ東新橋地区のオフィスビル、262汐留シティセンター局。ビルの左足元には１８７２（明治5）年10月14日に開業した日本最初の鉄道ターミナル・旧新橋停車場を再現した建物があり、背面には遺構に沿ってプラットホームも再現されています。当時の新橋駅はこの場所にあったのです。ということで、今日は鉄道記念日を軸にその周辺の局をまわっているのでした。12：30、263新橋局。新橋といえば駅前のＳＬ広場のＣ11型、設置されたのは72（昭和47）年の鉄道１００周年の時。同じ時に発行された記念切手の図案はＣ62型です。

259 八重洲地下街局

ヤン・ヨーステン像、東京駅八重洲口と新幹線（P173）

同心と同心屋敷、現在の八丁堀街並み（P173）

258 中央八丁堀局

260 霞が関ビル内局

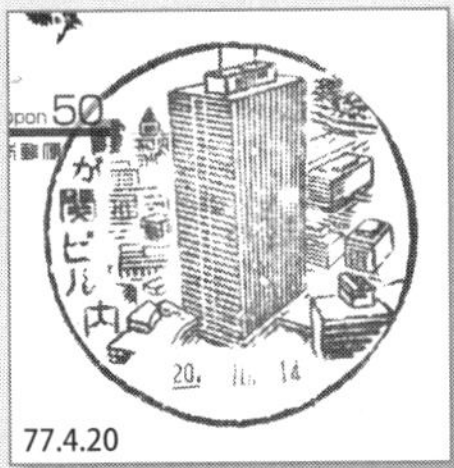

霞が関ビルと周辺の眺望（P171）

建設当時はビルの足元に２つの低層ビルがありましたが、現在左のビルは霞が関ビルに匹敵する超高層ビルになり、右のビルはなくなってもっと奥まったところに書店などが入った小さなビルがあるだけです。風景印は竣工から９年目の状態を留めている貴重な資料と言えましょう。

261 帝国ホテル内局

日比谷公園から見た帝国ホテル（P170）

263 新橋局

「駅舎側面」

262 汐留シティセンター局

汐留シティセンタービルとゆりかもめ（P176）

館内の「鉄道歴史展示室」は11：00～18：00、月休。駅売りのお茶を入れていた土瓶など、この土地から発掘された貴重な史料が見られます。

「プラットホーム側より見た駅舎」

鉄道開業時の機関車、新橋の親柱、銀座の柳の歌碑と柳（P176）

元々芝にあった東海道の基点を1604年に日本橋まで延ばした時に汐留川に架けられたのが新橋でした。高速道路の建設で川が埋め立てられ、橋も64（昭和39）年になくなりましたが、親柱は新橋局のすぐ傍に保存されています。

※旧新橋停車場の写真は２点とも東日本鉄道文化財団所蔵

13：10、264銀座七局。図案のX型歩道橋のエスカレーターは、全国でも珍しい上り下り切り替え可能タイプ。そして気になるのが人力車。調べると明治・大正期に銀座に秋葉商店という有名な人力車の会社があったそうで、その縁かなと思ったのですが、女性局員さんに聞くとまったく予想外の答えが。「近くに歌舞伎座がある関係か、局の前の通りを時々人力車が通るんですよ」。えっ、現在の話？　でもネットで検索しても出てこないし、試しに浅草の同業者に聞いても「銀座は聞いたことがありませんね」。わからないまま日は過ぎたのですが、09年3月に歌舞伎座周辺を散歩していると、偶然遭遇しました！　車夫さんに慌てて声をかけたのですが、風のように走り去ってしまい、歌舞伎座に問い合わせたところ、関連でもないそうです……。13：40、265銀座四局は銀座の中心地・4丁目の交差点にあります。有名な和光ビルの時計塔は初代は１８９４（明治27）年建設。この後、人形町に行くつもりでしたが、雨が本降りになって来たので、今日はここで打ち止め。

◉10月15日（水）　江戸時代の芝居見物気分で4局

昨日あきらめた人形町界隈にやって来ました。今日は雨も止み、隅田川沿いの景色もきれいです。14：30、266日本橋浜町局。女性局員さんが「清洲橋は文化財に選ばれていて〝貴婦人〟と呼ばれているんですよ。夜になると橋の曲線に沿って薄紫にライトアップされてとてもきれいです」と完璧な解説でした。これくらい教えてもらえると、押印に来た人もうれしいですよねえ。

15：15、少し川上に戻ると267中央浜町一局。この日明治座は小林幸子さんの座長公演で、劇場前の腰掛には夜の部を待つ大勢のおばさまたちが並んでいました。江戸時代初期、上方から芝居一座が下ってきて江戸歌舞伎が発祥し、やがて今の人形町辺りに中村座と市村座の芝居小屋ができました。明治座は１８７３（明治６）年開設の、芝居町の歴史を今に伝える大劇場です。

15：50、268中央人形町二局。床にはロボット犬がいて来局者の気持ちを癒やしてくれます。江戸期、二大芝居小屋の周りに浄瑠璃や見世物小屋、曲芸など安い料金で楽しめる小さな芝居茶屋も集まってきて人形師が多く住んだために、人形町という町名になりました。その頃は昼間は芝居茶屋で楽しみ、夜は大劇場で歌舞伎と、芝居見物は1日がかりのぜいたくな楽しみでした。今も甘酒横丁周辺には食事処や和装小物の店などが並び、江戸庶民の晴れがましい気持ちを疑似体験できるような気がします。

16：10、269日本橋人形町局。人形町では10月中旬、人形市が開かれます。有名店から個人の人形作家まで、ビスクドールや郷土玩具も含めて実に50店近くが水天宮通り沿いに店を出し、夕方には勤め帰りの人たちで賑わいました。町の伝統に合った素敵なイベントです。

銀座４丁目の街並みと地下鉄（P175）
我が国最初の地下鉄が開業したのは 27（昭和 2）年 12 月 30 日。切手の図案も冬の衣装なので 12 月に再集印、再撮影。でも開業当初は浅草〜上野間のみで、銀座駅誕生は 34（昭和 9）年に新橋まで延伸した際でした。

265 銀座四局

264 銀座七局

X 型歩道橋と人力車（P175）

267 中央浜町一局

明治座、区花つつじ（P172）
江戸時代の芝居小屋の切手で再集印。

隅田川と清洲橋、水上バス、区花つつじ（P172）
清洲橋は永代橋とセットで第 1 回選奨土木遺産に選ばれています。関東大震災後の復興事業で、筋骨隆々とした男性的な永代橋（P73）と優美で女性的な清洲橋という演出でつくられました。

266 日本橋浜町局

268 中央人形町二局

269 日本橋人形町局

人形町商店街（P172）

「甘酒横丁のあま酒」。明治初期には横丁の入口に尾張屋という甘酒屋があり人気だったそう。現在は双葉という豆腐屋さんの店先で 1 杯 200 円。7:00 〜 20：00。

甘酒横丁のけやき並木（P172）

◉10月17日（金）木場職人芸とすすきみみずく8局

夢の島に近い巨大な敷地に郵便局があります。かつては新東京局と東京小包局と江東新砂局の3局が入居していましたが、02（平成14）年に東京小包局が新東京局に統合されたため、現在あるのは残り2局です（新東京局は新東京支店に改組）。11：40、一般客が利用する270江東新砂局へ。男性局員さんは「せっかく来てくれたのにもうひとつ風景印があることを知らずに帰ってしまう人がいると申し訳ないので」と、新東京支店への行き方をボールペンでメモしてくれ、親切な限り。そのメモに沿って別の入口から271**新東京支店**へ。受付簿に名前を書いて、風景印を扱っている「大口窓口」へ行きたいと告げると番号バッヂをくれます。別棟へと案内され、電子キーでドアを開けると「さあ、どうぞ」と守衛さんは去ってしまい、後は単独で大口窓口を目指します。この先は、郵便物がベルトコンベアの上を流れたり、フォークリフトが走ったりするバリバリの郵便局内部作業場。郵便マニアとしては、かなりコーフンします。新東京支店は東京23区内の郵便物を一括で集め、配達局ごとに区分する場なので、私宛の郵便物も多分この中にあります。物珍しさにキョロキョロしながら、けっこう奥まで進むと大口窓口にたどり着きました。12：00集印。業者メインの窓口なので、風景印を押しに来る人は多くないと話していました。

13：15、272江東南砂団地内局。「17日、オッケー」と日付を確認した女性局員さん、「私ヘタなので、よろしくお願いしまっす！」と風景印を渡されました。何だかノリノリです。南砂団地は72（昭和47）年に完成した8号棟まである大団地で、保育園から在宅介護センターまで揃い、全人生をまかなえます。団地内には元は2つも小学校があったのですが、今は統合して1校に。36年の時を経て、少子高齢化していくニュータウン現象が見られます。13：45、273江東区文化センター内局。南砂団地と隣接する東陽町は、区役所などの公共施設が集まる区の中心地。

14：55、274深川一局。深川えんま堂は法乗院というお寺にあります。あまり有名でないと思いますが、江戸期には文芸にもしばしば登場する名所でした。ユニークなことに、えんま様の前に「家内安全」「いじめ除け」「ぼけ封じ」など願い事別の箱があり、賽銭を入れると何とテープで説話が流れるのです。でも私が勇んで「財福開運」に1円玉を入れると、えんま様が反応しませんでした。財運を1円で聞くなということでしょうか？　多分、機械が重みを感知できなかったのだと思いますが、お話にならないくらい財運がなかったらどうしよう……。次に息災延命に入れて手を合わせると「心安らかなることは御仏に守られていること。あなたはもう1人ではないのです」との御言葉をいただきました。37歳独身、身に沁みる言葉です。

271 新東京支店

木場の角乗り、区花さざんか（P183）

270 江東新砂局

局舎と東京スポーツ文化館、区花さざんか（P183）

写真の左端、木々の奥に江東新砂局の入口があり、もっと左に新東京支社への入口があります。スポーツ文化館のある夢の島公園は67（昭和42）年までごみの最終処分場であった東京湾14号地を整備し、78（昭和53）年に開園。他に第五福竜丸展示館や熱帯植物園などがあります。

273 江東区文化センター内局

文化センターと
コミュニティ道路
（P183）

272 江東南砂団地内局

南砂団地と仙台堀公園（P183）

仙台堀は江戸時代に開削された運河で、北岸の仙台藩邸蔵屋敷に米などを運び込んだため、この名で呼ばれました。

274 深川一局

隅田川大橋と深川えんま堂（ P.183）

「隅田川大橋」という文字の上は何なのか女性局員さんと推理し合い、きっと観光船を正面から見たものだろうと意見が一致しました。隅田川大橋は上が高速、下は車と人が通れる二段橋。奥に永代橋が見えますが、よく見ると風景印も二段橋の間に永代橋のアーチが入っています。

前に戻りますが12：45、275江東南砂局。新東京支店にも描かれていた木場の角乗りが題材です。江東区の町名には内陸部に「木場」、沿岸部に「新木場」がありますが、昔は「木場」が貯木場だったのが、埋め立てが進んで69（昭和44）年に「新木場」に移りました。

さて、角乗りは江戸時代に木場の筏師《いかだし》（川並と呼ばれた）が、水辺に浮かべた材木を鳶口ひとつで乗りこなして筏に組んだ仕事の余技から発生した芸です。現在は角乗り保存会の方たちが年に1回、元の貯木場を埋め立てた木場公園で開催する江東区民祭りで披露しています。10月19日（日）、11時の開演に間に合うよう到着するとものすごい数の見物客で、人気の高さがうかがえます。新人さんから大ベテランまで10種以上芸があり、男だけの世界かと思っていたら女性の乗り手もいます。中でも当局の風景印に描かれている「三宝乗り」はクライマックス。三宝と呼ばれる木でできたお供え台を3段積んだ上に乗り、この台をばらして角材の上に飛び移る離れ業で観客も大喝采。伝統芸能でも堅苦しくなく、皆さん、笑顔で楽しそうに演じていたのがとても印象的でした。

15：35、276江東永代局。女性局員さんに角乗りのことを聞くと「小さい頃は私が筏に乗って遊び回ってたクチで……」と旧木場時代を知る方でした。当局の図案「深川の力持ち」も角乗りと同じく区民祭りで披露されます。隅田川に面した佐賀町界隈は江戸時代からの倉庫街で、米俵や酒樽を担いで運搬していた職人たちの余技が伝統芸能になりました。20～50代くらいの力自慢たちがお囃子に合わせて米俵をさまざまな形で担ぐのですが、米1俵は60kg。片手で掲げ上げるだけでも怪力です。なのに図案の「宝の入船」とは、地面に仰向けに寝た腹の上に米俵を4つと木の台を載せ、その上に木舟を横たわらせ、酒樽と米俵を持った3人の男が乗るという超人技です。総重量は7～800kg？　面白さでは角乗りに引けを取らないと思いました。技を見せる男衆が、まさに気は優しくて力持ちという雰囲気でとても好感が持てます。最後に彼らがついた「力餅」も振舞われ、元気を分けてもらいました。

江東区から電車を乗り継いで16：50、277豊島高田局に閉局前ぎりぎりに到着。すすきみみずくについて聞くと、女性局員さんが3人がかりで「1軒だけ売っているお店があるんですけど」「今日がちょうど鬼子母神のお会式だから「出店でも売ってるかもしれません」と地図を広げて教えてくれました。鬼子母神の境内の傍らにある音羽家が製造と販売をしているお店で、枝付きで1400円。江戸時代に母を看病していた娘が、鬼子母神につくり方を教わったすすきみみずくを門前で売ったところ、飛ぶように売れて母親の病気も治癒したという伝説があります。病気見舞いや、健康祈願などに贈るとよさそうですね。

275 江東南砂局

83.10.7

木場の角乗り
(P183)

面白いのは子供を前後２人で担ぐ「戻り駕籠乗り」で、江戸時代には子供を水の中に落として終わったそうですが、最近はご時勢で止めているとアナウンスしていました。

中には落下してしまう人もいて、それでも唐傘は濡らさないところが立派。

近年は需要が減ったのか、朝方に寄ると新木場にも材木は浮いていませんでした。

276 江東永代局

83.11.21

深川の力持ちと永代橋（P183）

「宝の入船」の完成形は一瞬。下になった人はこの後、元気でニコニコしていました。

江東区民祭りには全国各地の自治体や、区内商店が多数屋台を出していて楽しい。多分、東京23 区の区民祭の中でも来場者が多く、成功している例だと思います。江東区ならではの伝統芸能があることが最大の理由ですが、区内の個人商店をうまく巻き込んだり、木場公園のロケーションのよさもあります。他区の手本になる区民祭じゃないかと感じました。

277 豊島高田局

99.11.11

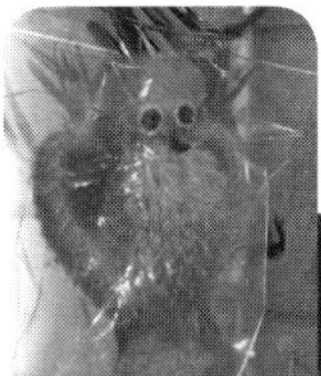

すすきみみずくとけやき並木、面影橋、区花つつじ（P191）

鬼子母神のお会式の目玉は万灯講社。絵付きの行灯を何重にも重ねた周りに紙の花房がぶら下がったものを担いで練り歩くのですが、これが、夢のようにきれいです。鉦や太鼓、笛の激しいリズムも心地よく、これも風景印の題材に入れてほしいなと思いました。

◉10月20日（月） 旅にも出ないのに空港へ4局

今日は東京モノレールに乗っての集印。乗車する時はいつも羽田空港への行き来で慌しいので、一度じっくり途中下車してみたいと思っていました。12：10、基点・浜松町の駅ビルでもある278世界貿易センター内局へ。このビルも243の東京交通会館と同じく所属がわかりづらいですが、貿易振興を目的とする社団法人世界貿易センターの持ちビルで、70（昭和45）年竣工。同法人は首都圏各所でマンションの建設分譲なども行なっているようです。40階の展望台に昇ってみると、東京タワーを見るには最適。38年前にはここから見える超高層ビルはほとんどなかったんですよねえ。

浜松町駅からモノレールに乗って1駅目で下車。天王洲アイルは天王洲臨海地区のオフィス街の総称ですが、92（平成4）年にビルが建ち始めるまでは倉庫街でした。13：20、279品川天王洲局は駅から直結するシーフォートスクエアの1階にあります。写真では左に見えるビルがシーフォートスクエアで、モノレールの車両も近代的になった中、唯一軌道だけが古色を帯びているのが対照的。モノレールは東京オリンピックに合わせて64（昭和39）年に開通したので、多分軌道は44年間そのままなのでしょう。

2駅先で下車。14：40、280東京流通センター内局。企業が在庫をストックしておく物流ビルです。写真で見るとよくわかりますが、各フロアが地面に対して平行でなく、波打っているのが不思議議。クローバーチェンジは本当にクローバーの葉のような形をしたインターチェンジです。

東京モノレールの羽田空港駅は04（平成16）年から2つに分かれましたが、281羽田空港局へは手前の羽田空港第1ビル駅で下車。第1ターミナル1階のマーケットプレイスというエリアにあります。15：30訪局。地下通路を通って第2ターミナルへ移動。風景印にも描かれているスカイアーチを眺めていたら、ちょうど蒲田局の郵便車が来ました。こんなところまで取り集めに来てるんですね、お疲れ様です。両ターミナルとも上階に展望デッキがあり、離着陸する旅客機はずっと眺めていても飽きません。食事施設には事欠かないし土産売り場は楽しいしで、結局空港に4時間くらいいました。飛行機にも乗らないのに。

◉10月21日（火） 目白台から創立記念日の早大へ3局

13：10、282文京目白台一局。図案の永青文庫は81で訪れた関口芭蕉庵のすぐ近く、急な石段を昇った上にあります。元は熊本の大名・細川家の下屋敷で、同家に伝わる武具や芸術品などを展示。尚、この翁の面は展示期間が別とのことで12月13日（土）に再訪しました。15世紀に制作された白色尉（尉は老人の意）ですが、およそ400年の時を経て白色からはかなり遠い色に。面は演者の汗や心を吸い取って完成していくものだという説が納得の面でした。

278 世界貿易センター内局

73.8.10

貿易センターと東京タワー、モノレール、飛行機（P176）
展望台は10：00～20：30、大人620円。

279 品川天王洲局

95.11.27

天王洲アイルとモノレール、品川埠頭橋（P186）

280 東京流通センター内局

95.3.3

東京流通センタービルとモノレール、平和島クローバーチェンジ（P186）

281 羽田空港局

93.9.27

東京国際空港ターミナルビル、管理棟、スカイアーチ、飛行機（P186）
展望デッキはカップル多し。個人的には第2ターミナルのデッキの方がおススメ。どちらも6：30～22：00。飛行機の切手で再集印。

管理棟は空港内部からだと中々見えるポイントがないが、モノレールの車窓から見ることができます。

282 文京目白台一局

96.8.8

永青文庫と翁面（P179）
永青文庫は10：00～16：30、月休、大人600円。

目白台から神田川を越えると早稲田地区はもうすぐです。本日10月21日は早稲田大学創立記念日。13：50、㉘③**早稲田大学前局**。あまりにも有名な題材ですが、実際の大隈像は大隈講堂を数百メートル正面から見守るような位置関係で建っています。休校日で閑散としている中、大隈講堂の前では今どき珍しい学帽に詰襟の学生服、下駄履きの男子学生が本を読んでいました。おお、これぞバンカラ。私も早大生だったら一度はやってみたかったなと思います。

15：40、その足で歩いて㉘④新宿北局へ行くと、局の前に早大切手のポスターを多数貼って宣伝しています。01年発行の切手が今年になって100万枚再版されたのです。男性局員さんに聞くと「けっこう売れてますよ。この辺は何だかんだ関係者が多いし、卒業生が買っていきます」と話していました。でも考えてみれば、慶應は創立100年の時も、150年という中途半端な今年も記念切手が出るのに（P35）、早稲田は創立100年（1982年）にも記念切手が出ませんでした。この差は何なんでしょうね？

◉10月27日（月）草葉の陰の吉田松陰4局

10：55、㉘⑤日本橋本町局。10月27日は勤皇の志士・吉田松陰の命日です。⑯④小伝馬町局を訪れた際、江戸時代には牢獄があったと書きましたが、幕末期、安政の大獄で捕えられた松陰もここにつながれ、処刑されました。十思公園向かいの大安楽寺には真っ赤な文字で刻まれた処刑場跡碑があり、壮絶な印象を与えます。吉田松陰終焉の地碑は十思公園の中で静かに佇んでいました。

電車を乗り継いで世田谷区に移動。15：20、㉘⑥世田谷若林四局。15：50、㉘⑦世田谷若林三局。松陰は幕末の思想家で、西洋文明を学ぼうとして処刑されました。ほんの数年後には明治維新を迎えるので、早過ぎた思想家ということですね。松陰の亡骸は最初、千住の回向院に葬られましたが、後に門下生の高杉晋作や伊藤博文らによって改葬され、さらに後年、社が築かれたのが世田谷の松陰神社というわけです。境内奥には松陰が弟子たちを教えた私塾・松下村塾を模した建物が存在します。実物は山口県萩市の松陰神社内に保存されていますが、こうした場所で弟子たちと語り合ったのかと思うと感じ入るものがあります。

前日26日（日）には松陰を偲ぶ維新まつりが当地で開催されました。世田谷区役所から松陰神社を目指して志士や奇兵隊がパレードを行ないます。敵方の新撰組もいるし、幕末好き大集合です。夕方からは松下村塾の前で野外劇。1854年、黒船密航に失敗し、萩市の野山獄に収監された松陰は囚人たちとともに獄内でも学問を続けますが、その囚人の中にいたのが高須久子という女性。彼女との尊敬とも恋愛ともつかぬ関係を描いた30分ほどの劇ですが、会場が会場だけに雰囲気があります。こうしたイベント内で行なわれる寸劇は、歴史を手軽に学べて楽しいものです。

89.11.11

㉘㉔ 新宿北局

大隈講堂と都電、中井御霊神社おびしゃ祭の的、区花つつじ（P177）

題材のおびしゃ祭、3月開催とのネット情報を信じていたら実際には1月開催で見逃してしまいました。2010年こそしっかり見物するつもりです。

大隈重信像と大隈講堂、穴八幡神社（P177）

63.9.30

㉘㉓ 早稲田大学前局

02.10.21

㉘㉕ 日本橋本町局

石町の鐘と吉田松陰終焉の地碑、区花つつじ（P173）

99.4.20

㉘㉖ 世田谷若林四局

吉田松陰と松陰神社、世田谷線（P187）

記念切手が出た59（昭和34）年当時は「松陰百年祭ＰＴＡ大会」なるものが開催されるほど教育の象徴だったんですね。世田谷線は2両のミニ電車です。

99.4.20

㉘㉗ 世田谷若林三局

維新まつりと世田谷線（P187）

「萩観光物産展」では平太郎（べらご）という魚の干物が実に旨かったです。成魚で5cm程度の小さな魚ですが、臓物の苦味も含めて濃厚な味で、瀬戸内海でしか獲れないそう。松陰もこれで酒を愉しんだのでしょうか。

10月27日にもう1局訪ねたのが紅葉や招き猫が可愛らしい図案の(288)**豪徳寺駅前局**。13：10、集印。豪徳寺も知名度ほどには参拝する機会のない寺のひとつではないでしょうか。招き猫発祥の地説がありますが、その元になったのは彦根藩主の井伊直孝が鷹狩りに来た際に、猫に手招きされたという話。寺に入ると空が急に曇り、雷雨を逃れられた上、和尚の法話も聞けて大変喜んだことから、招き猫信仰が始まったとのこと。招猫殿の脇には多数の招き猫が奉納されています。

そんな縁で井伊家の菩提寺となった豪徳寺、幕末の大老・井伊直弼の墓もあるのですが、直弼といえば安政の大獄を断行し、後に桜田門外の変で暗殺された人物。その直弼の墓と、安政の大獄で処刑された吉田松陰ゆかりの松陰神社がこんなに近くにあるなんて、世田谷区は中々ディープな土地ですよね。

◉10月28日（火）本と学問の街3局

昨27日から毎年恒例の「神田古本まつり」が始まっています。今日は丁度午前中に神保町で仕事があったので、午後は風景印散歩に移行。12：20、(289)**小川町局**は本好きにはたまらない図案です。青空の下で本を物色するのは楽しく、平日の昼間にもかかわらず仕事を抜け出して来た人が多そう。ちなみに私はキッパリ2冊だけ探している本があるのですが（新刊書店では買えないような）、さすがにこの本の山から探し出すのは無理でした。

14：20、(290)**神田局**で集印後、年季を感じさせる旧昌平橋駅のレンガ塀沿いに御茶ノ水駅まで戻り、ニコライ堂へ。ここも今まで外からしか見る機会がありませんでしたが、今回は初拝観。１８６１年に函館のロシア領事館付属聖堂の司祭として来日したニコライ・カサートキンが１８９１（明治24）年に完成させた聖堂で、ニコライは日露戦争が始まっても祖国に帰らず布教を続け、12（明治45）年に日本で永眠しました。そんな人生を思うと、私のようにまったく信仰のない者でも少しは敬虔な気持ちになれます。

16：05、(291)**御茶ノ水局**。湯島聖堂は１６９０年に五代将軍綱吉が創建し、１７９７年には昌平坂学問所が開かれた学問の聖地。湯島聖堂から昌平橋、万世橋の辺りは江戸から昭和まで様々な時代を留める貴重な建築物が多く、物思いに耽る秋の散歩には最適の場所ではないでしょうか。

◉10月31日（金）葛飾北斎生誕の地1局

今日、10月31日は葛飾北斎の誕生日。(292)**墨田緑町局**は生誕地があった北斎通りを描いています。江戸博ではちょうど「ボストン美術館浮世絵名品展」が開催中でした。これまでほとんど公開されなかった海外コレクションが、ショーケースなどに収められず（額には入っていますが）、細密な線や色を間近で見られ、マジで見て得をした展覧会でした。北斎の『尾州不二見原』もナマで見ちゃいました。

88.9.1

289 小川町局

99.4.20

288 豪徳寺駅前局

ちなみに本書の版元・同文舘出版は上の写真をもう少し左に行ったところにあります。

神保町本屋街とニコライ堂大聖堂（P170）

豪徳寺とまねき猫、紅葉、小田急ロマンスカー（P187）

51.4.20

290 神田局

聖橋とニコライ堂大聖堂（P170）

火～金 13：00 ～ 16：00（10 ～ 3 月は～ 15：30）、献金は 300 円から。入口で黄色いロウソクを渡され、4つあるイコンの中から好きなものを選び、その前の燭台に供えます。教会内は2階建てですが、外から見える緑色のドーム部分は、人が上がるようなスペースはありません。

80.9.24

291 御茶ノ水局

聖橋と湯島聖堂（P178）

湯島聖堂は 9：30 ～ 17：00（冬季は～ 16：00）。本書帯の写真は御茶ノ水橋の上から神田川と聖橋を撮影。ＪＲのホームには風景印と同じように中央線、聖橋の下には欲張って丸ノ内線も通ってもらいました。

99.11.1

292 墨田緑町局

江戸東京博物館と北斎通り、富嶽三十六景・御厩河岸より両国橋夕陽見（P182）

風景印だと橋の向こうに櫓が立っているように見えますが、これは現代の街灯でした。街灯には北斎の代表作が貼られていて、題材の『両国橋夕陽見』も見つかりました。江戸東京博物館は 9：30 ～ 17：30（土は～ 19：30）、月休、常設展大人 600 円。

11月◉銀杏色づく東京の街並み

◉2008年11月7日（金）京浜東北線沿線2局

13：20、❷❾❸品川局。❷❷❺の旧中山道に続き、旧東海道の江戸六地蔵も中々の存在感です。ただ八ツ山橋から鈴ケ森付近までの旧宿場町は観光整備は少なめ。現在、歴史的な解説を増やす機運が高まっているようなので今後に期待ですが、八百屋お七らが処刑された鈴ケ森刑場跡は見応えがあります。同所は品川局の旧風景印の題材でした。

14：10、❷❾❹蒲田局。大田区産業プラザは実に特徴的な形状の建物です（これも「軍艦ビル」に入るんでしょうか）。この施設は「ピオ」、区民ホールは「アプリコ」という愛称が付いています。そういえば駅ビルも大森は「プリモ」（現在はアトレに改称）、蒲田は「パリオ」（同じくグランデュオに改称）という名前が付いていましたが、大田区のこの「パピプペポ信仰」は何なんでしょうね。

◉11月8日（土）中世・石神井の城跡1局

14：45、❷❾❺石神井局。現在、東京都文化財ウィーク（例年11月初旬）で、石神井城は普段は閉じられている柵が開放され、城址内が見学できます。とはいえ中世の豊島氏の居城で、１４７７年には太田道灌に攻め落とされたので、今はただの小山です。未踏の風景印もだいぶ減ってきて、残しておいた局を一つひとつまわるような日が続きます。

◉11月14日（金）南極観測船と港区周辺5局

９：10、❷❾❻港芝浦局。窓口で風景印を依頼すると「それなら彼がプロなので」と委ねられた男性局員さん、何と少年時代からの切手収集の友人でした。こうして仲間が趣味を仕事に活かしているのを見るとうれしくなります。

本日11月14日は南極観測船「しらせ」が就航した日。日本最初の南極探検隊隊長・白瀬矗《のぶ》から取った名前ですが、図案の記念碑は彼らが10（明治43）年に、ここから木造船の開南丸で南極に出発したことを記念するもの。東京港までは直線距離で４００ｍくらいあり、約1世紀でそれだけ埋め立てが進んだということですね。

11：58、❷❾❼六本木ヒルズ局。六本木ヒルズ局はウェストウォークというエリアの6階にあります。六本木ヒルズには東京シティビューという展望台があり、08（平成20）年4月に屋根のない「スカイデッキ」が一般公開されました（海抜２７０ｍ）。やはりガラス越しと遮るものがない状態では浮遊感が違います。東京タワーの尖塔にも手が届きそうです。

294 蒲田局

99.6.10

品川寺の江戸六地蔵、品川神社、大井埠頭（P186）

293 品川局

89.8.16

大田区産業プラザと大田区民ホール、飛行機（P186）

296 港芝浦局

83.7.25

295 石神井局

85.4.20

石神井公園と石神井城址（P194）

南極観測探検隊記念碑と東京港（P176）

「しらせ」は「宗谷」「ふじ」に続く3代目でしたが、08年に25年の任務を終えて引退しました。次の船は09年秋就航予定。園内には開南丸を模した遊具もあります。

297 六本木ヒルズ局

03.12.1

六本木ヒルズと富士山（P176）

展望台は屋内は10：00～23：00（金・土・祝前日は～25：00）、屋外は10：00～20：00、大人1500（屋外は＋300）円。さらに高所で作業している人たちは明後日の東京国際女子マラソン中継用のアンテナを設置中。大のマラソンファンの私、このアンテナにはお世話になっています。

13：45、㉘麻布局。ちょっと判読しづらいですが、印の中央の杭には「天然記念物善福寺ノ公孫樹」と書かれています（公孫樹＝いちょう）。善福寺は以前から一度訪ねたかった寺ですが、開山は824年で都内では浅草寺に次ぐ古刹。「逆さ銀杏」は親鸞が突いた杖から生えてきたという伝説があり樹齢は750年。枝先が重くて下に伸びていることから付いた通称で、言わば枝垂れ銀杏（P3）。第二次世界大戦で枯死しかけ、幹には痛々しい空洞もありますが、今は息を吹き返しました。750年の時を重ね、気根も立派で、ただならぬ生命力を感じます。

15：10、299赤坂局。国賓などを招く迎賓館は、09（明治42）年に東宮御所として建造された歴史ある洋館です。消印自体に季節感はないのですが、迎賓館の描かれた切手が左ページのような図案だったので、バラの季節に押印したいと思っていました。迎賓館は夏に市民も抽選で見学できるのですが、改修工事が予定よりも長引いたため、08年は募集自体が取り止めに。09年に再チャレンジし、一年越しで見学してきました。

16：50、300四谷局。絵画館は以前見学したことがありますが、明治天皇・昭憲皇太后の功績を80枚の絵画で表した、とても限定された内容で、普通の美術館だと思って入った私は非常にびっくりしたのを覚えています。しかもそれぞれの絵が2.5×3mほどあるので、すごいインパクトでした。26（大正15）年開館。葉はまだ緑でしたが、この白亜の絵画館と銀杏並木って本当に見事なマッチングですよね。23（大正12）年植樹の銀杏は4列で146本あり、遠近法が生きるように手前ほど高い木が植えられているのは有名な話。洋画を観ているとニューヨークやパリは秋の景色が美しくて羨ましくなりますが、ここの景観は負けていないと思います。国立競技場に関しては16日（日）に東京国際女子マラソンが開催された際に撮影。

◉11月15日（土）練馬大根収穫の季節2局

10：10、301光が丘局。光が丘は戦前に緑地計画があったところで（220の砧公園と一緒）、戦後はアメリカ空軍の家族宿舎グラントハイツを建設。73（昭和48）年に日本に全面返還され、83（昭和58）年から団地への入居が始まりました。12：30、302練馬局。かの有名な練馬大根が図案ですが、中々口に入る機会はありません。調べると収穫は11月で、15～16日に301の光が丘団地で開催するJA農業祭で販売されるというので、この2局をはしごしたわけです。江戸時代に栽培が始まり戦後は減産していましたが、平成に入る頃から保存・育成事業により復活。長さが1mにもなるのが特徴で、会場では昔ながらの天日干しが再現されていました（カバー）。500円で購入した漬物（約600g）は柿の皮で漬けていて風味よし。分厚く切っているのによく漬かっていて噛み応えがありました。

見学期間中は赤坂局の臨時出張所が設置され、風景印も押印可能。

299 赤坂局

86.7.23

赤坂迎賓館とアークヒルズ
(P176)

内部は西洋から取り寄せたシャンデリアや大理石の柱など豪華の極みだが、撮影は屋外のみ可。10日間で約1万8千人が来訪したそうで、見学応募要項は例年春に迎賓館HPで発表。

298 麻布局

49.1.15

善福寺本堂と逆さ銀杏
(P176)

絵画館と国立競技場（P177）

私にとって国立競技場といえば東京国際女子マラソン。高橋尚子選手や野口みずき選手の快勝も生で応援しましたが、09年からは会場が横浜に移ります。最後の大会で優勝した尾崎好美選手は、09年8月の世界陸上で見事銀メダルを獲得しました。

80.4.1

白山神社の大けやきは2本あり、高さはともに25 m、樹齢7～800年。12月19日撮影。

光が丘団地と竪穴住居、区花つつじ
(P194)
竪穴住居は氷川台の城北中央公園にある土製の栗原遺跡。ああ、本当はこういう土の中に住んでいたんだよなあと、リアルに感じます。

301 光が丘局

91.11.5

としまえんのメリーゴーラウンドと練馬大根、白山神社の大けやき
(P194)
としまえんは26（大正15）年開園。10：00～16：00（季節により変動）、火水休、入園大人1000円。メリーゴーラウンド「エルドラド」は07（明治40）年にドイツでつくられ、71（昭和46）年に来園。100年以上も回り続けているのです。

302 練馬局

91.11.5

◉11月21日（金）一葉忌と本郷界隈6局

11月23日は樋口一葉の命日・一葉忌にして勤労感謝の日。永遠に特定局の風景印は押せない残念な日でもあります。9：45、303台東竜泉局には一葉記念館を見がてら地方から押しに来る人もいるそうで、一葉さんの人気はさすがです。竜泉は一葉が1893（明治26）年に荒物駄菓子店を開いた街。住んだのはわずか10ヶ月間ですが、吉原遊郭街を間近に見た経験が後に『たけくらべ』『にごりえ』などの名作に結実します。事前に『たけくらべ』を読んで行ったのですが、文語体ですんなりと読み進められなかったのが記念館の展示を見たらすっと腑に落ちました。

13：35、304文京白山上局。安田講堂は68（昭和43）年に東大紛争の舞台となった場所。その後長期間、閉鎖されたままでしたが、現在は改修して学生課などに利用されています。間近で見ると赤レンガや石材に歴史を感じ、ここで催涙弾や火炎瓶が飛び交った時代があったんだなと思わせられます。他の木々は赤や黄色になっていますが、銀杏は緑が主流。東京で銀杏が色づくのは案外遅いようです。

14：00、305文京白山下局。井原西鶴『好色五人女』などで有名な八百屋の娘お七は、1682年の大火で焼け出され円乗寺に避難。そこで出会った小姓の吉三郎と恋仲になるが、家人に引き裂かれてしまいます。火事を起こせばまた会えると考え、付け火をした罪で、1683年、火あぶりの刑でわずか17年の生涯を閉じました。円乗寺にあるお七の碑は立派な小屋建てで、お七人気の高さを窺わせます（P7）。隅には参拝者が自由に書ける「忍ぶ草」というノートがあり、以前に来た時は、忍ぶ恋、不倫の成就をお七に委ねた生々しい記述もありドキリとしましたが、最近では舞踊の発表会成功を祈願する人が多いようです。

14：40、306本郷五局は再び一葉関連です。一葉は幼い頃、東大赤門の向かいで暮らし、18歳からは菊坂で母と妹との3人暮らし。竜泉時代を挟んで、現在の文京区西片で1896（明治29）年に僅か24歳で亡くなりました。伊勢屋質店は困窮した一葉が生活費を工面するために通った店で、82（昭和57）年までは営業していました。

15：30、307本郷四局。東大生自体はあまり風景印を押しに来ないそうですが「親戚が東大を受験するからと言って押していく方はけっこういらっしゃいますね」と局員さん。この風景印で手紙をもらったらご利益ありそうですもんね。15：50、308本郷一局。上半分は壱岐坂を描いており、右側は風景印だけ見ると何かと思いますが、現地へ行ってみると東洋学園大学の『岩間がくれの菫花』という壁画でありました。61（昭和36）年制作なので50年近い歴史があります。下半分は本郷給水所公苑。ビルの3階ぐらいの高さにあり、その下には朝霞、金町、東村山浄水場から流れて来た水を配水するための貯水池があります。

⑯ 本郷五局

04.11.1

樋口一葉とゆかりの伊勢屋質店と井戸（P178）
質屋の前の通りが菊坂で路地裏には一葉が使った井戸もありますが、ここがまた木造建築が並ぶ、時代から隔絶したようないい路地なんですよ。一般居住区なので見学の際はお静かに。日付が 23 日な理由は P137 を。

⑬ 台東竜泉局

06.11.1

樋口一葉と一葉記念館、水仙（P180）
台東区立一葉記念館は 9：00 ～ 16：30、月休、大人 300 円。11 月 21 ～ 23 日「一葉祭」は無料公開。尚、水仙は『たけくらべ』に出てくる作品の象徴的な花です。

⑱ 本郷一局

96.8.8

壱岐坂と本郷給水所公苑、区木銀杏（P178）
公苑には江戸時代の神田上水石樋が復元され、併設の東京都水道歴史館では 1590 年の神田上水開削から近代水道の技術までが学べます。9：00 ～ 17：00、第 4 月休。

96.8.8

⑰ 本郷四局

東大生と赤門、銀杏（P178）

98.8.3

⑭ 文京白山上局

東大安田講堂と銀杏（P178）

八百屋お七とその碑、区木銀杏（P178）
喧嘩と火事は江戸の華、火を点けたお七の消印と火を消す側の火事羽織の切手を組み合わせました。近隣にはお七ゆかりの場が多く、西鶴が吉三郎との出会いの場と書いた吉祥寺には 2 人を祀った比翼塚が、大円寺にはお七の罪業を救うため、熱した焙烙《ほうろく》を頭から被ったといわれる「ほうろく地蔵」が祀られています。

⑮ 文京白山下局

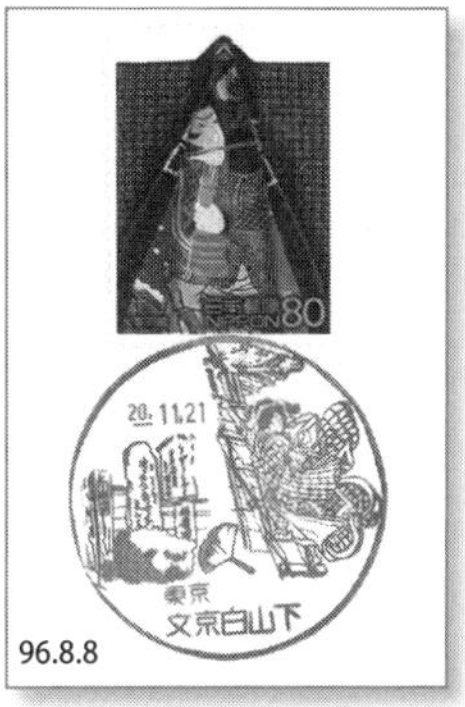

96.8.8

◉11月28日（金）国会議事堂見学1局

14：40、国権の最高機関であり、国の唯一の立法機関である309国会内局へ。柵の内側にあるのでやや敷居が高いですが、誰にも止められず、身分証を提示することもなく局には入れます。局内には議事堂内部と直通のドアがあり、「議員や職員はそこから出入り可能、議員さんが窓口に来ると緊張します」と女性局員さん。

集印後、15時からの「参議院参観」に参加しました。約40名の参加者が守衛さんに引率されて議事堂内を回ります。中央広間（議事堂の象徴である四角錘の塔の真下）や、天皇陛下専用の大階段など見どころはいくつもありましたが、一番ワクワクしたのはやはり議場。国会中継でも目にしますが、現場は36（昭和11）年竣工以来の国政をめぐるドラマを背負っているだけあって、重厚で厳かな空気が漂っています。郵便ネタでいうと廊下に郵便ポストがあるんですよ。といっても一般的なポストとはだいぶ違って、壁に柱状に埋め込まれており、幅からして葉書や定型内の封書ぐらいしか投函できないと思います。平日4回、土は3回、日は2回、銀座支店が取集めを行なっています。日本の国会関連の記念切手は11月29日に発行する慣習がありますが、それは1890（明治33）年のその日に第1回帝国議会の開院式が行なわれたことを根拠としているようです。今年は29日が土曜のため28日に集印しました。

コラム11

将来貴重？今のうちに集めておきたい風景印

題材自体の変化にともない、今後図案改正がありそうな局がいくつか思い浮かびます。改築中の東京駅を描いた135丸の内センタービル内局、154東京中央局の他にも、中央卸売市場移転が現実のものとなれば、322中央築地局にも影響があるでしょうし、この先も新たなパンダが受け入れられなければ372上野局も図案を見直すかもしれません。他にもこの1年間フィールドワークをした中で、題材に変化があった局がいくつか見つかったので、あげてみます。

57中央新富二局　新富橋の架替え
132目黒五本木局　守屋図書館の建替え
160台東三筋局　三味線堀跡碑の消失
183渋谷松涛局　鍋島公園の噴水が水車に変更
321大崎局　大崎橋の架替え
333江東牡丹一局　相生橋の架替え
367銀座六局　街路樹のこぶしが植替え

もっとも題材に変化があっても、スタンプには昔の姿を留め続けるというのであれば、それはそれで意義があり、必ずしも図案変更が必要なわけではありません。現行印を早めに集印しつつ、今後の動向を見守りたいところです。

国会議事堂（P171）

309 国会内局

参議院参観は平日９時から16時まで、毎正時５分前に郵便局前の通りを北に200ｍほど進んだ入口に集合すれば、荷物チェックだけで予約なしで見学できます（国会開催中は見学できぬ時間帯もあり）。

参観ロビーまでは撮影可。議決投票箱や議長が叩くギャベルなどが展示されています。議席の複製は座り心地は悪くないのですが、椅子から机までが遠く感じました。まあ長時間座るので足が伸ばせる広さが必要なんでしょう。

提供：参議院事務局

見学コースの最後に中庭で記念撮影。議事堂の外壁は少し茶色がかっていると思っていましたが、元は真っ白な花崗岩で、現在の色は72年の間に付いた“汚れ”なんだそうです。08年現在外壁の洗浄が進められていて、作業が済んだら結構イメージが変わると思いますよ。

コラム12　一葉忌ルポ番外編

例年11月23日には、本郷の伊勢屋質店が一般公開されます。1860年創業で、現在は2階建てですが、一葉が通った頃はこの母屋は平屋だったそうです。古くなった台帳を障子紙にしていたり、暖簾の頭が当たる部分が破けていたりと、営業時の痕跡が生々しく残っています。一葉の質草が保管されていた土蔵の中にも入れ、当日は400人ほどが見学に訪れたそうで、ここでも一葉人気の高さが窺えます。そして本郷五局の前には祝日なのに年賀葉書などを販売するワゴンが出ています。念のため聞いてみると、何と風景印も23日の日付で押せると言うではありませんか！　本郷五局では一葉忌の押印希望者が多いため、近年は11月23日は祝日であっても臨時開局しているそうで、このフレキシブルな対応は素晴らしいと思いました。

コラム13

風景印は時代の証言者

さて問題です。79西浅草局の2つの風景印、どこが違うでしょう？ なんていうと間違い探しみたいですが、細部の違いはさておき、図案の左側に描かれている乗り物が最大の相違点です。浅草～上野間では81（昭和56）年より都が二階バスを運行して人気を集めましたが、01（平成13）年に廃止されました。面白いことに風景印の図案はそのまま4年間続行され、図案の中でだけで二階バスは生き続けたのですが、05（平成17）年につくばエクスプレスが開業すると潮時と判断したのか、風景印もリニューアルされました。街の風景が変われば風景印の図案も変わります。

郵政事業が民営化されるまでには郵政省→郵政事業庁→日本郵政公社→日本郵政といくつもの段階を経ており、その度に霞ヶ関の本社屋1階にある郵便局も局名が変わりました。わずか7年で5種類も変遷した風景印にはそのめまぐるしさがしっかりと刻まれています。

143文京目白台二局や303台東竜泉局も、近年図案が変わった局です。前者は元の題材だった菊池寛記念室が休館し、後者は一葉記念館が建替えをしたのが理由です。13小石川局はドーム式の球場ができた88（昭和63）年以前は、風景印もオープンエアの球場でした。372上野局（旧下谷局）はずっとパンダ図案の風景印を使っていますが、72（昭和47）年にパンダが来日する以前はご覧の通り。当時はゾウが上野動物園の花形だったなんてことも、風景印の図案から読み取れます。

２０１２年春に東京スカイツリーが開業すればそれを題材にした風景印も誕生するでしょうし、今後も風景印は街の移り変わりを映し出していくでしょう。そんな時代の証言者であるところも、風景印の魅力のひとつです。

冬

東京で和を意識する

12月

東京タワーと師走の築地

1月

初詣と大相撲初場所

2月

寒中の神事と梅の花

3月

歌舞伎を知って、再び春

12月◉東京タワーと師走の築地

◉2008年12月2日（火）ゴム工業誕生の日1局

11：50、310東上野六局。上野小学校校門前には「我国ゴム工業誕生の地碑」があります。1886（明治19）年に土屋秀立ら4兄弟が日本で初めてゴムの熱加硫法に成功したのが当地で、今日12月2日のことでした。後に三田土ゴムに改組され、軟式ボールや消しゴムなどを製造し、45（昭和20）年に昭和ゴムに吸収合併されました。

◉12月9日（火）漱石忌に猫塚を訪ねて1局

18：40、仕事が佳境だったので閉局間際の到着になりましたが、どうしても今日の日付けで押印したかったのです。今日12月9日は私が文学者の中で最も尊敬する夏目漱石の命日です。311牛込局。印の左側にある石を積み重ねた塔が猫塚で、早稲田南町の漱石公園にあります。漱石が晩年9年間を過ごした漱石山房の跡地で、日を改め13日（土）に行ってきました。園内には08（平成20）年2月に資料館がオープン、漱石山房の玄関部分を再現しています。館内には山房に集った弟子たちの説明や初版本の複製が展示され、小規模ですが漱石ファンにはうれしいサロンです。

◉12月15日（月）忠臣蔵と世田谷ボロ市2局

12月14日はご存知、赤穂浪士の吉良邸討ち入りの日。14日深夜に集合し、仇討ちは15日未明に決行しました。9：55、312泉岳寺駅前局はやはりこの時期押印客が多いそうです。泉岳寺に48基の墓碑（討ち入り前に切腹した萱野三平の供養墓も含む）が並ぶ様は壮観。義士の羽織を着た職員が線香を販売していて、参拝客が線香を48人に少しずつ分けながらお参りする姿も独特です。

この日東京ではもうひとつの大イベント、世田谷のボロ市があります。三軒茶屋から路面電車の世田谷線に乗った時点でもう寿司詰めの満員。12：50、313世田谷一局。ボロ市は1578年に、当時関東を支配していた北条氏政が、世田谷新宿に税を一切免除する楽市を開いたのが始まり。江戸時代になると都市部のボロ布が市に出て、世田谷の農民たちが作業着の繕いや草鞋に編み込むためにこぞって買ったので風景印にも草鞋が描かれています。他には農具や日用品、年越しの食べ物などが売られ、見せ物小屋や芝居小屋まで出たそうです。ボロ市会場のほぼ中心にあるのが彦根藩主井伊家の代官・大場氏が住んだ代官屋敷。現在は敷地内に世田谷区立郷土資料館が設立されています。

学習院女子大正門は 1877（明治 10）年に建てられた旧学習院正門を 49（昭和 24）年に移設したもの。

猫塚、学習院女子大正門、箱根山（P177）

漱石公園は 8：00 ～ 17：00（4 ～ 9 月は～ 19：00）。猫塚は漱石の没後、遺族が可愛がっていた犬や猫、小鳥を供養したもので、『吾輩は猫である』の猫を祀ったものではありません。

311 牛込局

76.8.1

箱根山は戸山公園にある標高 44.6 m の人造の山。1600 年代後期に尾張徳川家の下屋敷が築かれ、回遊式庭園の中にこの山もありました。

77.5.10

312 泉岳寺駅前局

大石良雄、赤穂義士の墓と門、桜（P176）

96.8.8

310 東上野六局

ゴム工業誕生の地碑、かっぱ橋付近の商店街（P180）

ボロ市と代官屋敷（P187）

右下の写真の左側が代官屋敷の門。郷土資料館は 9：00 ～ 17：00、月休。現在のボロ市は古道具や洋服がほとんどですが、布を端切れで売っている人もいて由緒正しき後継者といえるかも。

313 世田谷一局

96.12.2

新暦と旧暦

ボロ市は毎冬 12 月と 1 月の 15、16 日に開かれますが、元は旧暦の 12 月に年越しに向けて開催していたのが、新暦に移行すると1月になり、元来の役目を果たさなくなってしまうので、両月とも開催するようになったとか。同様に赤穂浪士討ち入りの 12 月 14 日も、新暦に直すと1月になります。私はこうした場合、基本的には新暦に換算した日にちを採用する派でしたが、義士たちも寒い年の瀬だから決行したのであって、おめでたい1月には討入りはしなかったのではないかと想像します。そう考えると、やっぱり討入りは 12 月 14 日でよく、新暦に換算するばかりが能じゃないなと、最近は少し考え方が変わってきました。

◉12月18日（木）西郷像除幕式1局

10：15、314上野七局。有名な上野の西郷隆盛像の除幕式が催されたのが、08（明治41）年12月18日なので、今日はぴったり100周年。西南の役で一時逆賊扱いされた西郷さんでしたが、やがて江戸城を無血開城に導いた功績が見直され、明治天皇に正三位を追贈されました。その後に建てられたのがこの銅像。高さ4mもあるこの像を見て、夫人がこんなに太っていなかったと言った話は有名ですが、間近で見ると足なんてものすごい太さ。100年雨ざらしになっても揺るがない、堂々たる風格を感じました。

◉12月19日（金）日本航空発祥の日と大泉学園めぐり5局

10：20、315代々木三局。図案の「航空発始之地記念碑」は代々木公園南門近くにあります。10（明治43）年12月19日、当時代々木練兵場だったこの地で徳川好敏、日野熊蔵2人の陸軍大尉が日本初飛行に成功しました。徳川は約4分間で3千m、日野は1分間で千mの飛行でした。

練馬へ移動、13：20、316練馬東大泉三局。図案の大泉学園駅舎は、北口を描いたものです。13：50、317練馬東大泉二局。図案のびくに公園は「白子川が氾濫した時のための貯水場なんで、普段は何もなくてわざわざ見に行くほどの場所じゃないんですよ」と笑って教えてくれる女性局員さん。でも、確かに観光地ではないけど、中々の景観でしたよ。深さ6mくらいの窪地にテニスコートやサッカー場があるのですが、川が氾濫してこのエリア全体が水で満々となったところを想像すると……ものすごいですよね。15：20、318練馬大泉学園局。図案の都民農園ですが、実際には農園はありません。この地域には複雑な歴史があって、元は大正時代に一橋大学を誘致しようと区画整備を進めるも実現せず、大泉学園という地名はその名残りなのです。その後、34（昭和9）年に東京市が市民農園をつくり甘藷《かんしょ》（さつまいも）などが栽培されましたが、戦後の農地解放で消滅し、74（昭和49）年に大泉公園に整備し直されました。現在、都民農園の名はバス停にだけ残っています。16：00、319練馬大泉学園北局。複雑な歴史といえばこの図案の大泉中央公園も同じで、旧陸軍士官学校の用地を戦後米軍がキャンプ朝霞として使用し、返還後の90（平成2）年に公園として整備されました。園内のけやき並木は〝武蔵野の自然林〟という表現が似合う冬枯れの景観。体が冷え切り、帰りのバスは暖房ですぐに眠りに落ちました。

◉12月23日（火）50歳になった東京タワー1局

東京タワーがオープンしたのは58（昭和33）年12月23日。祝日のため日付印が押せない……となりそうでしたが、320芝局のゆうゆう窓口（事業会社）が開いているので、この日の日付を取ることできました。このひと月くらいは50周年に関連したマスコミ報道が盛んなので、風景印を押しに来る人も多いと話していました。17：30集印。

81.5.11

⑮ 代々木三局

日本航空発始の地記念碑、代々木公園と新宿高層ビル(P188)

⑭ 上野七局

西郷隆盛像（P181）

96.8.8

98.10.10

⑰ 練馬東大泉二局

びくに公園と八の釜湧水池、区花つつじ（P194）

びくに（比丘尼）公園という名前は、江戸時代に真福寺という寺の尼僧が名主との恋に破れ白子川に身投げをしたという伝説から。

98.10.10

⑯ 練馬東大泉三局

大泉学園駅と牧野記念庭園、区花つつじ（P194）

⑲ 練馬大泉学園北局

98.10.10

大泉中央公園とけやき並木、区花つつじ（P194）

⑱ 練馬大泉学園局

98.10.10

都民農園と学園通り、区花つつじ（P194）

園内には由来が記された碑がありますが、やや恨み節で、政策に翻弄された土地の歴史を物語っています。

東京タワーと増上寺三解脱門（P176）

12月23日の東京タワーは本当にきれいでした。夕刻に「TOKYO」「50」と文字が浮かび上がり、街を歩いている人は皆、見上げていました（P 8）。展望台のチケットは60分待ちの行列でした。

三解脱門は1611年に徳川家康の助成で建立されたもので、むさぼり、いかり、おろかさの三悪を解脱する意味。

⑳ 芝局

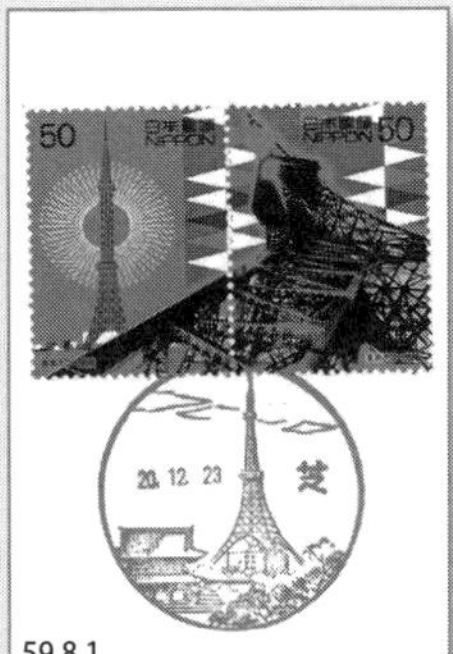

59.8.1

◉12月24日（水）初めて見るフウの木1局

14：15、㉑大崎局。図案の「フウの木」とは聞き慣れませんが、清泉女子大にある「楓」の木のことです。ただしこの字を書いてもカエデとは違い、台湾や中国南部に自生するマンサク科の落葉高木（葉はカエデと同じ形をしています）。江戸時代、この土地が仙台藩下屋敷だった頃に渡来し、樹齢約２００年、樹高は20ｍにも及びます。11月下旬からの紅葉が見ものと聞いていましたが、裸木になる前にようやく見に来れました。

◉12月25日（木）師走の築地と臨海地区6局

9：45、年越しの買い物客で賑わう築地にやって来ました。㉒中央築地局は市場内の青果部本館、かなり年季が入った建物の2階にあります。気になる移転問題は「よく聞かれるけど、移転もすんなり行かないみたいだし、うちの方にはまだ何も話が来ていないんですよ」と男性局員さん。東京の魚河岸が関東大震災で日本橋から芝浦の仮設市場を経て、築地に移ったのは35（昭和10）年のこと。長い歴史を絶やすなという人たちもいますが、築地自体70年前に移転して来た場所なので、また移るだけだという関係者もいるようです。9、10時台になると業者でない一般客が増え、食堂や商店は大繁盛。正月用の旨そうな伊達巻や玉子焼、数の子などに目を奪われます。

食事したり浜離宮庭園を見たりしていたら午後になってしまいました。13：20、㉓中央築地六局。15：20、橋の対岸に㉔中央勝どき局。勝鬨《かちどき》橋はご存知、跳開式の橋。05（明治38）年に日露戦争勝利を記念して設けられた「勝鬨の渡し」の名を残し、40（昭和15）年に橋が開通。当時は水運も盛んだったため、船が通れるように跳開式にしました。多い時期は1日に5回、20分間ずつ開いていましたが、戦後は橋上が渋滞するようになったので、70（昭和45）年11月29日を最後に開閉を取り止めています。男子としては橋が動いてその下を船が通るというメカニックな動きを生で見たい気持ちは非常に大きいのですが……。

事前申し込み制で勝鬨橋の橋脚内部が見学できると知り、09年1月22日に参加しました。参加者は約10名、建設局ＯＢの方が案内してくれます。まずは橋脚の上で運転操作パネルなどを見学。続いて橋脚の下に梯子で約3・5ｍ垂直降下するため、ヘルメットにハーネスを装着。命綱なんて生まれて初めて着用しました。地下の機械室ではモーターで橋が跳開する仕組みの解説を受けつつ、実物を見学します。跳開部の重さはなんと2千ｔもあるそうです。ひんやりとした地下ですが、操縦士たちが使用していた便所なども残っており、40年前にはここが実用されていたのだと生々しく伝わってきました。昭和の遺産ですね。ツアーの最後には橋を描いた絵葉書や軍手を頂戴し、とても楽しい時間を過ごしました。

平日 9：00 ～ 17：00（土は～ 13：00）。2010 年 3 月までは工事で見学休止。

フウの木、大崎橋、安楽寺石造供養塔（P186）

明治以降は島津家の屋敷となり、その洋館も外から見学できます。大崎橋は 00（平成 12）年に架け替えられました。

321 大崎局

322 中央築地局

築地中央卸売市場と魚、浜離宮庭園（P175）

浜離宮庭園は 1654 年に 4 代家綱の弟綱重が別邸を営んだのが始まり。9：00 ～ 17：00、大人 300 円。

朝食から豪華に洋食たけだの「鮪尾肉のステーキ定食」1100 円。真ん中に大きな骨の輪があって、その周りの肉はカマのように食べ応えあり。他ではお目にかからぬメニューで、とにかく旨い！
4：00 ～ 13：30、日祝休。

橋脚内見学ツアーは祝日を除く毎木開催、10 時より 1 日 4 回。希望者は往復葉書で申し込みが必要。

324 中央勝どき局

勝関橋と遊覧船、ゆりかもめ、ウォーターフロント高層ビル（P174）

築地側の袂にある「かちどき橋の資料館」では模型や稼働時の映像が。火、木～土 9：00 ～ 16：00。

323 中央築地六局

勝関橋と屋形船（P175）

逆順ですが14：25、325中央勝どき三局。ここも題材判明に苦労した局で『風景スタンプ集』には左下の石碑が「築地-月島間の渡船記念碑」と書いてありますが、その碑は築地側にあり、直方体でこんな形はしていないんです。ひょっとして月島側にも記念碑があるのかとウロウロしていたところ、中央区が設置した名所案内板が目に留まりました。そこに掲載されていた「十返舎一九の墓所碑」が、おお、まさにこの形をしているではありませんか！　風景印もよく見ると、十返舎……の文字が判読できます。

一九はご存知、弥次さん喜多さんの生みの親。元は浅草の東陽院に葬られましたが、その東陽院が関東大震災後に現在地に移転し、墓も移ったのです。図案の碑は50年代に『東海道中膝栗毛』を映画化した時に建てたもので、墓石自体は寺の屋内にあります。側面には辞世の歌が彫られていますが「此世をば　どりゃお暇に　線香の　煙と共にはい左様なら」というふざけた、失敬、軽妙なもので、私もこんな風にカラッと逝きたいけど、難しいだろうな。

15：50、326晴海トリトンスクエア局。かつては日本建築センターでしたが、01（平成13）年に改築。晴海まで来ると海風が吹き付けて寒い！　リュックに入れておいたセーターを出してジャンパーの内側に重ね着し、さらに寒い東京湾岸へ。16：50、327中央豊海《とよみ》局。写真は豊海埠頭の倉庫街と、レインボーブリッジを臨んで撮影。この埠頭は本当に海面が近くて一歩間違ったらドブンと行っちゃいそうです。対岸のお台場はクリスマスムード満開で今回使った切手がピッタリ。夏にはブリッジを眺めに来るカップルも多いらしいですが、さすがにこんな寒い日に来る物好きはいません。何はともあれ、メリークリスマス。

◉12月30日（火）　年の締めくくりはアメ横にて1局

年末の風物詩といえばアメ横の買出し。本年の風景印散歩の締め括りは、アメ横のゲートが描かれた328上野駅前局です。16：57、今年最後の営業日で、局内にもどこか仕事納めの充実感が漂っています。丸井の1階（入口は別）という好立地もあり、風景印を押しに来るお客さんも多いそう。

押印を終えて、いざアメ横へ。魚屋の売り子さんたちのがなり声が飛び交うこのムードは、活気があっていいものです。主力商品はタラバガニや、筋子、明太子など。私もお節料理を物色したのですが（一人暮らしでもこの手の行事は好きなのです）、扱っている品物がよいせいか、意外と高めな印象。なので食料品は止めて、靴下と鞄を新調しました。どちらも風景印散歩で擦り切れているので、新年を迎えるには丁度いいです。帰りの上野駅も帰省する人たちで大変な人出。構内には昭和時代の造りも残っており、線路が向かう先が北国だということも、人々の郷愁を誘うようです。どうぞ皆さん、よいお年を。

01.4.2

㉖晴海トリトンスクエア局

トリトンスクエアとトリトンブリッジ（P174）

勝鬨橋と十返舎一九墓所碑（P175）

住職の奥様によれば「最近は観光バスのコースに組み入れられているけど、みんなトイレを借りに来るようなもの」。東陽院は観光寺ではなく、普通に檀家を祀っている寺なので、お参りの際はマナーを守りましょう。図案の碑だけなら寺の前で見られます。

96.7.22

㉕中央勝どき三局

上野駅と西郷隆盛像、アメヤ横丁（P181）

混雑は予想したほどではなく、不況の影響を心配したが、翌日の新聞を見たら１日で48万人の人出。例年以上だったそうでよかったですね。

96.8.8

㉘上野駅前局

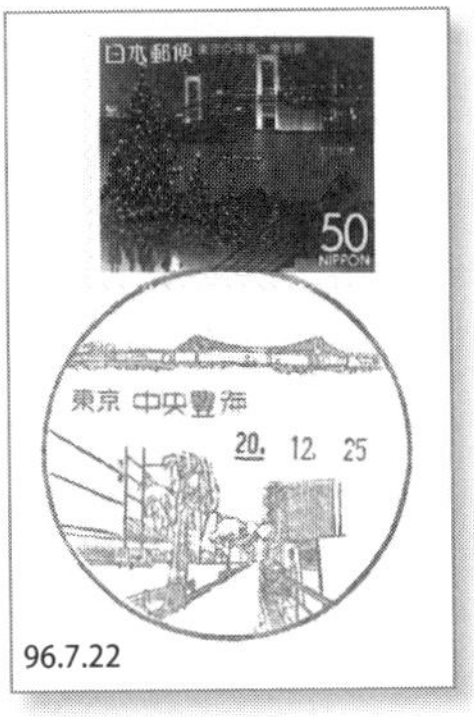

96.7.22

㉗中央豊海局

レインボーブリッジと豊海埠頭の倉庫街（P175）

コラム14

心地いい散歩は1日に4～5局？

本文でも何度か触れていますが、オフィス街の局は金曜の夕方は激混みです。また昼休みの時間帯も近所に勤めている人がここぞとばかり私用を足しに来るので混み合います。集配局の土曜は案外利用者が少ない穴場で、会社勤めをしていて平日に郵便局めぐりができないという方にもおすすめです（それだけでも23区内で60局程度集められます）。

私は1年間で全局まわるとノルマを決めたので、1日に8～10局めぐった日もありましたが、正直な感想、1日4～5局がベストじゃないかという感触です。途中で気になるものを見つけたら寄り道したり、おいしいものを食べたりしながらのんびりまわる方が楽しめる気がします。

あと夏は特に水分補給は心がけてください。一番暑かった8月8日、約11時間の行程中、私は500㎖のペットボトル飲料を5本も飲んだのですが、その間一度もトイレに行きたくなりませんでした。つまり暑い日にはそれくらい発汗するわけで、水分不足は脱水症状を起こす危険があります。幸い日射病にはなりませんでしたが、帽子も被ればよかったと今は反省しています。夏は特に1日の訪問局数を少なめに設定して無理のないペースでめぐりましょう。

1月◉初詣と大相撲初場所

◉2009年1月1日（木）初詣の明治神宮1局

謹賀新年。今年の初詣は「紅白」を見た後、日本一の参拝客が集まる明治神宮へ。明治天皇と皇太后を祀っており、20（大正9）年創建。警察官に誘導されながら本殿に到着するまで1時間ほどかかりますが、これで09年はきっとよい年に……。昼の間に年賀状を書いて、20：30、❸❷❾代々木局へ。ゆうゆう窓口（事業会社）で風景印を依頼。ロビーにはポスタルローソンなども設置されており、出歩く人の少ない元日の夜に、ここだけは明かりが灯っていいます。後日、年賀状の風景印に反響があったことを話すと、局員さんは「結婚式の案内状に押して出す方もいますよ」と嬉しそうに話していました。

◉1月5日（月）正月の風物詩寅さん1局

今年最初の特定局営業日となった1月5日は❸❸⓪葛飾柴又局に行きました。私の中では正月→帝釈天にお参り→寅さんの新作映画という図式が出来上がっているもので。15：05訪局。やはりこの風景印は人気が高く「色紙に押した り、渥美清さんの命日の日付けでという方もいます」と女性局員さん。「寅さん記念館」では「くるまや」のセットに足を踏み入れることができて感動もの。もうひとつの題材である南天は、帝釈天題経寺大客殿の床の間の床柱。受付の女性によれば大客殿は29（昭和4）年築で、当時滋賀県の山中に生えていた樹齢1500年の木を使用。通常南天は10年経っても幹は千歳飴くらいの太さにしかならず、ここまで成長するのは極めて珍しいそう。南天切手が発行された62（昭和37）年当時は、柴又といえば南天というくらい有名だったのかもしれません。

◉1月13日（火）大相撲初場所と明治丸4局

東京の1月は大相撲初場所から始まるともいえます。9：50、❸❸❶墨田両国三局。「相撲を見に来てお土産に風景印を押して行く方も多いです」と局員さん。待っている間に力士がやって来たのも当局ならではで、すれ違う時、シッカロールのような鬢付け油の匂いがしました。

11：45、大相撲のテーマに合わせて歴代横綱之碑が描かれた❸❸❷江東牡丹局に足を延ばしました。国技館完成前は両国の回向院で行なわれていた大相撲ですが、それ以前の18世紀には富岡八幡宮境内が会場でした。碑には初代から最新の第69代横綱・白鵬まで名前が刻まれています。

年越しは原宿駅で外回り（新宿方面）の臨時ホームが利用できます。普段は渡れない彼岸で、しかも背後が明治神宮なので、神聖な場所のような気がします。

㉙ 代々木局

68.11.1

明治神宮鳥居と拝殿（P188）

㉚ 葛飾柴又局

62.2.20

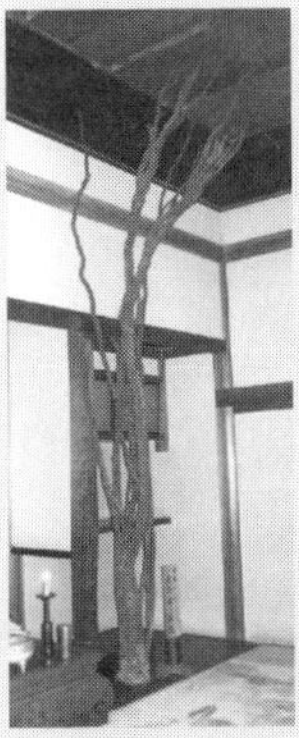

大客殿は9：00～16：00、大人400円。風景印だけ見ていると床柱に実までなっていそうですが、さすがに柱木なので実はなりません。

葛飾柴又寅さん記念館・© 松竹提供

柴又帝釈天本堂と南天（P196）

寅さん記念館は9：00～17：00、第3火、12月第3水木休、大人500円。

帝釈天参道の「くるまや」のモデルとなった高木屋老舗前です。店内で食べる草団子は5個300円。7：30～18：00。

80.8.27

㉜ **江東牡丹局**

歴代横綱之碑と旧弾正橋（P183）

旧弾正橋は1878（明治11）年製造の国産第1号鉄橋で、京橋楓川から29（昭和4）年に現在地に移設保存。小型の可愛い橋です。風景印は再配備後に再集印。

力士と両国橋（P182）

両国橋の中程には土俵を模したタイルがあります。この距離でガチンコでぶつかり合ったら痛いでしょうね～。

81.2.18

㉛ **墨田両国三局**

逆順で10：35、333**江東牡丹一局**。切手にも描かれている明治丸は明治天皇が1876（明治9）年に青森から巡幸した船で、横浜に帰着した7月20日が海の日になりました。従来東京海洋大学で一般公開をしていましたが、キャンパス改修工事の影響でなんと新年から中止に。ひと月前に来てれば見られたのに！　残念に思っていると門の隙間から明治丸の写真を撮っている年輩の男性を発見。この方は東京の史跡をめぐるグループの一員で、本当は昨年末に来るはずだったのが風邪で欠席してしまい、代わりに今日来たらこの有様だとか。私よりもこの人の方が数倍残念だったことであろうよ。そうこうしていると中から車両が出てきた隙に門越しでなく写真を撮ることができ、まあこれでよしとしますかということで、その男性と別れました。

14：00、本日結びの一局は334**本所局**。国技館が蔵前から両国に戻ったのは85（昭和60）年のこと。図案の太鼓櫓は元は釘を1本も使わず、丸太を荒縄で縛って組んでいました。安全面の問題で95（平成7）年五月場所から現在の鉄骨製でエレベーター付きのものに変わりましたが、わずか15年前は木製だったんですねえ（P7）。

局めぐりを終えて両国国技館へ。実は朝一番で一度国技館に寄り、当日のみ販売の椅子自由席・大人2100円を購入していたのです。相撲というと桝席の高額なイメージがありますが、これなら手が出ない値段ではありません。生まれて初めての大相撲観戦は、いやー、楽しかったです。吊り屋根の下の土俵、すぐ傍を体の大きな力士や作務衣を着た職員が歩きまわっている異空間。相撲博物館や土産物屋など見どころも多く、お上りさんのように館内を徘徊してしまいました。取り組みを生で見て思ったのは、これだけ隠すものがない裸だと、カッコ付けようがないから、もう勝負に勝つしかないな、ということです。それくらいシンプルな闘いだから人々を魅了するんでしょうね。

◉1月22日（木）千代田区から佃島・月島へ8局

9：15、335**千代田丸ノ内局**。ほぼ毎日風景印を押しに来る人がいるそうで、さすが観光名所・皇居の最寄局。皇居外苑に銅像がある楠正成は鎌倉末期から南北朝時代にかけて活躍した武将で、南朝に属していたため評価は揺れたが、近代以降は忠臣としての評価が定まり、1898（明治30）年にこの像が建てられました。10：00、38（昭和13）年建築の336**第一生命館内局**。マッカーサー元帥が自ら選び、45（昭和20）年9月から52（昭和27）年6月にかけてGHQの総司令部を置いたビルで、背後のDNタワー21は95（平成7）年に増築されたものです。13：10、337**聖路加ガーデン内局**。聖路加国際病院はアメリカの宣教医師ルドルフ・トイスラーが02（明治35）年に開設したのが始まりで、築地が開国当時、外国人居留地だったことが伝わる施設です。

明治丸と相生橋、灯籠（P183）
相生橋は98（平成10）年に先々代を模したトラス橋に改築されていました。石灯籠のある場所はかつて地続きでなく、中之島と呼ばれ人気の行楽スポットだったそう。灯籠は潮の満ち干を測る役割も果たしています。

333 江東牡丹一局

85.4.20

土俵の中に両国国技館と太鼓櫓、両国橋（P182）

国技館では日替わりで醤油、塩、味噌味の特製ちゃんこが食べられます。私が確認できただけで13種類の具材、このボリュームで250円はリーズナブルです。

334 本所局

85.1.13

337 聖路加ガーデン内局

96.7.22

楠正成像と皇居外苑（P170）
間近で見ると口はへの字に結ばれ、目はギラリと見開かれています。

335 千代田丸ノ内局

03.3.13

聖路加ガーデンと隅田川（P174）

第一生命館（P170）
左は帝国劇場、右は警視庁丸の内警察署。以前はマッカーサーの執務室が公開されていたが、01（平成13）年の同時多発テロ以来、中止されています。

336 第一生命館内局

95.9.25

14：00、338京橋通局。なぜこの局が未踏だったのかは、恐らく銀杏に合わせて秋に集印しようと思っていて、うっかり忘れていたのだと思われます。反省。14：45、339日本橋二局。切手に合わせてさざんかの季節に来ましたが、残念ながらまだつぼみでした。切手の図案は恐らく日本橋北詰からのイメージなのだと思います。

15：40、隅田川を渡って佃島へ。340リバーシティ21局。明治～昭和期は元石川島播磨重工の工業地帯となり、一時は住民の減っていた当地ですが、近年ではすっかりお洒落で住むのに人気の街に。佃島小学校の近代的な校舎からも、この時間帯には大勢の児童が下校していきます。

佃島のもうひとつの側面が、漁師町であったこと。江戸期に大阪の佃村から漁民が移り住み、幕府に江戸前の魚を献上していました。戦後もずっと孤島でしたが、64（昭和39）年に佃大橋が架かり、３２０年余り続いた佃の渡しも廃止されました。ですが当時の名残りを留めるような船溜まりも存在し、よくよく見ると風景印も、写真の手前の欄干（佃小橋）側からリバーシティ方面を描いているのがわかります。16：10、341中央佃局で女性局員さんに佃煮屋さんのある場所を教えてもらい、購入しました。やっぱり地元の情報は地域に密着した郵便局員さんに聞くに限ります。早く食べたくて、翌朝早速白飯を炊いたのですが、さすが本家、佃島の佃煮は美味でした。

16：50、342京橋月島局はもんじゃの風景印として押しに来る人が多いそう。おすすめの店を聞くと「もんじゃストリートの中でも混んでいるお店。やっぱり（おいしさでお客さんの数に）差が出ますよね」と教えてくれました。最後に、通常だったら区名を冠して「中央月島」となりそうな局名がなぜ「京橋月島」なのか疑問をぶつけたところ、「元々京橋区だったのが中央区に変わる時、局名も変えるはずが遅れてしまって、京橋が残ってしまったんだそうです」と女性局員さん。そういう理由ですか、面白いですね。区名が変更になったのは47（昭和22）年のことです。

◉1月27日（火）競馬場と目黒のさんま5局

10：50、343港白金台局。旧国立公衆衛生院は目黒通りを挟んで局の真向かいにあります。東京大学医科学研究所の敷地内に40（昭和15）年に設立された研究機関で、02（平成14）年には国立保健医療科学院に改組されて和光市に移転。なのでここ4～5年はビニールカバーで囲われ立入禁止の状態が続いています。ですが安田講堂と同じ内田祥三が設計した、建築学的に見ても貴重な建造物で、保存を求める声も高いのです。その脇の近代医学記念館で関係者と立ち話をすると、その人は国立公衆衛生院が機能していた時代に中に入ったことがあり、ペントハウスからの眺めは素晴らしかったそうです。公共の手で保存され、一般公開してくれる日を待ちたいと思います。

339 日本橋二局

日本橋と周辺の街並み（P173）

338 京橋通局

旧京橋の親柱、銀座発祥の地碑、街路灯、区木銀杏（P173）

中央大橋とリバーシティ 21（P174）

中央大橋は塗装工事中。150の写真と比べると中央の塔の周囲に鉄骨が組まれものものしい姿になっています。

340 リバーシティ21局

佃大橋とリバーシティ 21（P174）

佃煮屋さんは佃大橋の袂に3軒並んでいます。「佃源田中屋」でハゼ 100g 500円、小エビ 100g 470円を購入。9：30～17：30。

341 中央佃局

旧国立公衆衛生院と国立自然教育園（P176）

1892（明治 25）年設立、東京大学医科学研究所（当時は伝染病研究所）の初代所長・北里柴三郎の切手で再集印。近代医科学記念館では 1900（明治 33）年にペストの研究で清国に渡った野口英世が日本に宛てた年賀状も見られます。10：00～18：00（土日は～17：00）、月休。

343 港白金台局

国立自然教育園は室町時代に白金長者と呼ばれる豪族の館があった場所が、大名の下屋敷、御料地などを経て 49（昭和 24）年に公開。9：00～16：30（5～8月は～17：00）、月、祝日の翌休、大人 300 円。

342 京橋月島局

月島西仲通り商店街ともんじゃ焼きのヘラ（P174）

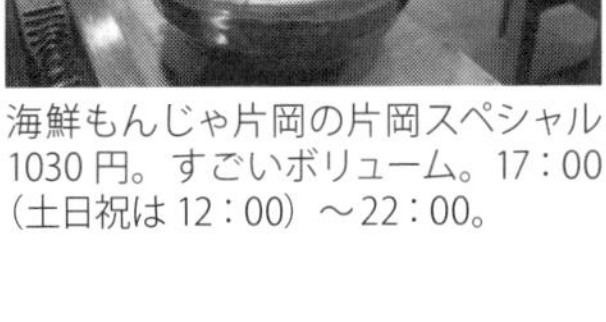

海鮮もんじゃ片岡の片岡スペシャル 1030 円。すごいボリューム。17：00（土日祝は 12：00）～22：00。

13：55、徒歩で目黒区に移動し344下目黒局。今はさほど有名でない目黒不動ですが、江戸時代には五色不動（目黒・目白・目赤・目黄・目青）のひとつとして参詣の名所でした。15：10、345目黒四局。磨耗していた印を最近新調したばかりだそうで、グッドタイミング。この地域はかつて目黒競馬場があり、宅地の間に今でも当時の競馬コースのカーブが残っています。07（明治40）年に開設され、32（昭和7）年に第1回日本ダービーも開催しましたが、翌年には府中競馬場に移転しました。15：30、346目黒三局。茶屋坂について質問すると、局長さんが宅地地図をコピーして懇切丁寧に教えてくれました。江戸時代にあった「爺々が茶屋」は湧き出る清水で茶をたてており、三代家光や八代吉宗が鷹狩りに来た際に好んで立ち寄ったといいます。局長さん曰く「僕が小学生だった頃には、茶屋の名残りらしい古い家が建ってたんですよ」と。えっ、そんな最近まであったんですか、将軍家光の逸話に出てくる茶屋が！（もちろん茶屋のままではなく、建物も建て替えられていたそうですが）。それがこんな身近な思い出として聞けるなんて、だから風景印散歩は止められないんですよね。16：20、347目黒三田局。図案は恵比寿ガーデンプレイスにある写真美術館。当日は映画誕生以前、パラパラ漫画のように視覚を利用して動画を見せていた時代の幻影装置などが見られ面白かったです。常設展示はありません。

コラム15 局員さん伏せ字話

風景印を押すのに失敗した時、「すいません、葉書を弁償して新しいのに押しますね」と言ってくれる親切な局員さんが結構います。ポケットマネーなので申し訳ないなと思いつつお言葉に甘えるのですが、一方で明らかに失敗したと自分でもわかっているのに、何食わぬ顔で差し出してくる局員さんもたまにいて、こういう時に人間性って出ちゃうものだなと思います。

実際、風景印を押すのは神経を遣うし、面倒臭い業務なんだと思います。特に葉書や切手を持参する私のようなタイプのコレクターは、その局の売上げに貢献するわけでもないですし。私は態度で示されるだけでなく、はっきり「悪いけど、忙しいから」と局員さんに言われ、すごく雑に押されたこともあります。でも日本郵政全体として見れば売上げになっているわけだから、ちゃんと客扱いはしてほしい。

あと私は、混雑していない時は局員さんに「このお祭りって盛大なんですか？」とか「この花はどこに行けば見られるんですか？」とか図案に関する質問をします。これは記者の習性で、雑談から面白い話が聞けることも多いので。でもたまに（何でそんなこと聞いてくんの。困った客だなあ）という顔をされることもあり、そういう時は、スイマセンお邪魔しましたと退散してきます。

347 目黒三田局

東京都写真美術館とカメラ（P185）

瀧泉寺前不動堂と灯籠（P184）
長い石段の上にある本堂と違い、前不動堂は石段の下にあります。庶民信仰の便を図ったものとも、本堂に祈願する徳を積むための修業の場であったともいわれています。

344 下目黒局

茶屋坂の清水碑と鷹（P184）
世間知らずの将軍が主人公の落語『目黒のさんま』はこの茶屋を舞台に創作されたもの。清水は第二次世界大戦中も住民の生活を支えたが、戦後に涸れてしまいました。

346 目黒三局

目黒競馬場跡記念碑（P184）
手で持てそうな可愛い馬の像です。モデルはトウルヌソル号といい、切手に描かれている第1回日本ダービー優勝馬ワカタカ号の父馬。切手と風景印で親子競演が実現です。

345 目黒四局

目の前で「切手の真下に押してください」と言っているのに変な場所に押しちゃう局員さんもいます。もう1枚押し直してもらおうとすると、パニックになって更におかしな場所に。悪気がないだけに、トホホと笑うしかありません。

……こんなふうに書くと、郵便局で風景印を頼むのが怖くなるかもしれませんが、誤解なきよう断っておくと、こういう例はほんの極一部です。私の感触で数字を言うと、40～50局に1局くらいの割合です。何でこんなことを書くのかといえば、今後風景印を集める方に、そんなことも稀にあるけどガックリしないでと言いたいからです。

基本的に、郵便局員さんには善人が多いです。道を聞けば一生懸命地図を描いて教えてくれるし、図案についてわからなければ局員さん総出で資料を探してくれる。そんな場面に何度も遭遇しました。勤勉で、老若男女問わずに誠意を持って接してくれる。世の人が「いい人」といって思い浮かべる像がそこにはあります。もしも郵便局員さんに嫌な人が多かったら、私たちは子供時代に切手集めをしなかったと思うし、それが約130年維持されてきた組織の精神なんだと思います。

民営化でサービスの質が低下するのではないかという論調がよくありますが、そんな総体としての郵政のよさは、守り続けてほしいなと願っています。私たちコレクターもマナーよく郵便局を利用したいものです。

2月◉寒中の神事と梅の花

◉2009年2月9日（月）高島平と田んぼの深い縁7局

10：00、㊽神田北神保町局。「使い始めた時は郵頼がたくさん来て、応援を呼んだほどです」と男性局長さん。やはり漱石先生は偉大です。「猫」の碑はお茶の水小学校の前に建っています。漱石は錦華小学校を卒業しましたが、その錦華小と小川小、西神田小の3校が93（平成5）年に統合されてお茶の水小になりました。本日2月9日は漱石の誕生日（1867年新暦）なので、幼少期を偲んで。

11：05、都営地下鉄で板橋区に移動。去年の3月に桜の風景印めぐりで始まった風景印散歩ですが、1局だけ残しておいた桜が㊾新板橋局です。中根橋の袂に区民寄贈の河津桜が植えられているという新聞記事を目にし、河津桜は染井吉野よりも早咲きなので、今年の2月まで待っていたのです。しかしいくら早咲きとはいえ、2月9日では無理かなあと石神井川沿いを歩いていくと、あっ、遠方に桜色が！　思わず駆け寄ると咲いていました、たった1本の河津桜。花もつぼみも大ぶりでたくましく見えます。寒そうに染井吉野の裸木が並ぶ中、ここだけポッと明かりが灯ったようで、少しだけ春が近づいたことを教えてくれます。

12：00、㊿板橋徳丸局の風景印は近所の徳丸北野神社で行なわれる民俗芸能「田遊び」が題材です。田遊びとは約20名の男衆（現在は消防団員）が稲作の手順を歌と所作で再現するもので（P5）、切手も田仕事の図案で合わせてみました。開催は2月11日（水・祝）、次ページでリポートします。続いて12：20、351板橋徳丸五局。そもそもなぜ東京の板橋区で田んぼ絡みの行事や水車があるのか、水車公園で解説員の方に話を聞いてわかりました。今でこそ日本有数の巨大団地として有名な高島平ですが、ほんの35～36年前までは「徳丸田んぼ」と呼ばれる穀倉地帯だったのです。往時を再現したのが水車公園で、公園内には小さな田んぼもあり「去年は48kg採れて豊作でした」。

14：35、352板橋三園局。2月といえば梅の季節、赤塚溜池公園には梅の木が約200本植えられています。まだ花とつぼみが半々ですが、冬の寒さに耐えて咲く梅は、凛として可愛らしいです。ここは室町時代に千葉自胤が赤塚城を築いた地域で、湧水でできた溜池は城の濠だったといわれています。時が下って徳丸田んぼの時代には灌漑用水として使われており、やはり稲作に縁が深かったのです。

石神井川の桜並木（P193）

㊾ 新板橋局

㊽ 神田北神保町局

吾輩は猫である
石碑と本（P170）

350 板橋徳丸局

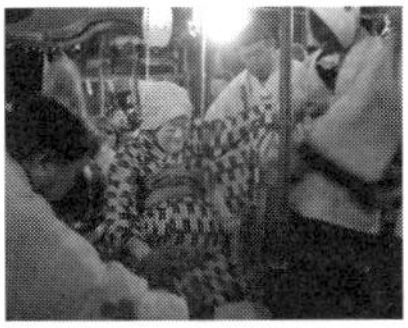

田遊び（P193）
図案の太鼓は田んぼの象徴で、獅子は疫病を祓う存在。苗に見立てた子供を太鼓の上で持ち上げて、稲と子供の成育を祈ります。

田遊びの始まりは 995 年、なんと1千年以上の歴史があります。２月に行なうのは、稲作が始まる前に捧げる神事ゆえ。太郎次と安女という夫婦が抱き合う仕種をして五穀豊穣を表現したり、この行事の人気キャラクター「よねぼう」はイチモツが強調されていたり、性的なことにもあっけらかんとした農村の大らかさを感じます。メインの「大稲本」役の男性は「消防団員なので大声を出すのは得意。一昔前はもっと寒くて唇がひびわれちゃったけど、最近は温暖化で楽です」と話していました。

351 板橋徳丸五局

水車公園と徳水亭（P193）
周囲には今も農耕地がちらほら、当局の隣も畑です。

352 板橋三園局

赤塚溜池公園の梅（P193）
風景印の木の間に見える日本家屋風の建物は…公衆トイレです。現地に行ってみるとよくあることですが。

15:05、㉝板橋高島平局は他にお客さんはおらず、インストゥルメンタルが流れて、午後のひと時、ゆったりムード。「葉っぱのある季節はかなり見事です」と男性局長さんも太鼓判のけやきは、団地のメインストリート。車道を挟んで4列の並木道です。

この通りに面しているのが16:30、354板橋西局。上が郵政職員宿舎になっていて、高島平団地の景観によく馴染んでいます。風景印を見ると巨大な石碑が団地の狭間に建っていそうですが、実際には駅を挟んで団地とは反対側の徳丸ヶ原公園の中に石碑はあります。1841年に高島秋帆が西洋砲術の訓練を行なったことを記念するもので、119赤塚三局で、寺の境内に大砲が！　と驚いたアレのことですね。高島平の地名も秋帆の名字・高島が由来だったのです。当地は非常に広い野原があったため、江戸期には武器の演習地となり、明治以降は水田地帯に。70年代からは巨大団地になりましたが、現在は住民が高齢化してまた新たな局面を迎えているようです。様々な歴史を持つ高島平、これからどんなふうに変わっていくのでしょう？

◉2月14日（土）　大田区・梅と貝塚と文士村3局

集配局だけを狙った、珍しく土曜日の風景印散歩です。10:30、355田園調布局。大田区は区花が梅で風景印もぽってり可愛い梅の形。洗足池は、東急池上線の洗足池駅で降りると中原街道越しに満々と水面が広がっていて、湖かと思うくらい。自然の湧水で大きさは30万平方m、日蓮上人が足を洗った伝説が名前の由来だと言われています。江戸時代には歌川広重が「名所江戸百景」に描くほど風光明媚なところでした。

12:30、356千鳥局。図案の池上本門寺も初訪問。五重塔は1608年に2代将軍秀忠の疱瘡治癒を祝って建てられたもので、関東では最古、桃山期の様式を残している点で全国的にも貴重な建築です。でも近くで見ると建物がきれいなんですよね。それもそのはず、01（平成13）年に全解体修理が行なわれたそうで、修理前の塔を見ておきたかったな、と思いました。

14:35、357大森局。大森貝塚の碑は大田区と品川区双方にあるのですが、図案は大田区のもの。大森駅近くのNTTデータ大森山王ビルの裏にあります。大森貝塚はモース博士が乗っていた汽車の中から見つけたエピソードがあまりにも有名ですが、今の時代ならこの電車の窓から「やや、あれは貝塚では？」と気づいたのかなあ……なんて想像しながら撮影しました。もうひとつの題材は馬込文士村。尾崎士郎と宇野千代夫妻を中心に小説家や画家が交流を深め、大正期から昭和にかけて文士村を形成しました。川端康成も大森に居を構えた1人で、切手・風景印共に原稿用紙のマス目が描かれているので、ちょうどいい組み合わせでは？

❸❺❹ 板橋西局

徳丸原遺跡碑と高島平団地（P193）

❸❺❸ 板橋高島平局

高島平団地とけやき並木（P193

❸❺❻ 千鳥局

池上本門寺五重塔、武家屋敷門、光明寺多聞天像（P186）

武家屋敷門は備前池田藩の表門だったといわれ、現在は蓮光院の山門となっています。

❸❺❺ 田園調布局

洗足池と梅、区鳥うぐいす（P186）

❸❺❼ 大森局

大森貝塚と馬込文士村、原稿用紙と万年筆（P186）

貝塚開門は９：00～17：00。馬込文士村の雰囲気は大森駅西口の天祖神社脇の石段にあるレリーフで楽しめます。

ちなみに品川区の貝塚碑は大森貝塚遺跡庭園にあります。9：00～17：00（7、8月は～18：00、11～2月は～16：00）。

◉**2月18日（水）湯島天神の白梅2局**

今日も梅狙いです。16：20、358湯島二局に描かれた湯島天神は江戸時代には都内有数の盛り場でした。奇縁氷人石は1850年に建立されたいわゆる迷子探しの石で、それが必要なほどに賑わったということでしょう。

16：40、359湯島四局。切手を貼ったカードを持っていくと、男性局員さんが「よくこの切手をまだ持っていましたね！　うちの局長が出してほしいって申請して、やっと出してもらえた切手なんです」とのこと。へえー、そういうケースもあるんですね～。切手発行時は「正直、イヤってぐらい押印依頼が来ました。専用スペースをつくってずっと風景印を押してました」と笑っていました。

◉**2月26日（木）世田谷の梅と中村汀女2局**

16：55、360世田谷梅丘局。羽根木公園では「せたがや梅まつり」が開催中。ここの梅は67（昭和42）年に55本の植樹が行なわれ、現在は700本にまで増えました。風景印にもあるように広々とした傾斜地を利用して梅が咲き誇っていて、自然の梅林のように見えます。逆順ですが16：25、361新代田駅前局の句碑も羽根木公園内にあります。中村汀女は37（昭和12）年から代田に住み、46（昭和21）年に「外にも出よ　ふるるばかりに　春の月」と詠んだそうです。戦後間もない時期に、自然の美しさで失意の人々を励まそうとしたのかもしれません。春はもうすぐです。

コラム16

求む再配備情報！

長年使用していると風景印は磨耗して図案がきれいに出なくなってきます。「うっかり他のスタンパーに着けたらゴムが溶けちゃった」と話していた局員さんもいますし、298麻布局の事業会社では劣化してどうしても日付が出なくなっており、ベテラン局員さんがティッシュを日活字の下に詰めて押印してくれたなんてこともありました。

ある局で再配備を申請しないんですかと聞いたところ、「買ってくださいって言われちゃうんじゃないかなあ」と局長さんが心配していました。その後各局で話を聞くと、局が費用を負担する必要はないようで、更新が必要と認められれば2か月くらいで再配備してもらえるそうです。そして最近、この再配備がこまめに行なわれているようです。劣化していた局を09年7月に再集印すると、きれいな印影になっていたところがけっこうな割合で見つかりました。

こうした更新情報は公式発表もないため、コレクター同士で交換するしかありません。私のブログでも印の再配備情報を集めていきたいと思うので、もし皆さんの身の周りで再配備が確認できた局があったら情報をいただけるとうれしいです。再配備された局の局員さんからの直接情報もお待ちしています！

99.4.20

㉟① 新代田駅前局

中村汀女の句碑と羽根木公園の梅（P187）

植樹年を考えると、句を詠んだ当時、汀女はまだ梅林を見ていなかったのですが、こんな夜空を見上げて詠んだのかな……というイメージで。曇天で月が見られず、勝手に街灯を月に見立てました。

06.5.15

㉟⑨ 湯島四局

湯島天神表鳥居と絵馬、白梅（P178）

切手の図案は女坂を描いたものと思われます。湯島天神には約300本の梅の木がありますが、8割は白梅。

99.4.20

㉟⓪ 世田谷梅丘局

羽根木公園の梅と桜（P187）

96.8.8

㉟⑧ 湯島二局

湯島天神表鳥居と奇縁氷人石、絵馬と区木銀杏（P178）

図案の銅製表鳥居は1667年建立。350年近い歴史が青サビに滲み出ています。

コラム17 平成22年2月22日には郵便局に行列ができる!?

ホームページの訪問ナンバーが777番とか555番とかだと「キリ番ゲット！」と喜ぶ人がいますが、ヒトはどういうわけか同じ数字が並ぶとうれしくなる動物です。

年号や日付も例外でなく、数字並びの日に記念に消印を押したり切符を買ったりした経験は多くの人にあるのではないでしょうか。特に消印コレクターは数字並びが大好き。平成7年7月7日、8年8月8日などにはそれを知る多くの局で風景印の新規使用があり大フィーバーを見せました。

そして来る平成22年2月22日、久しぶりに数字並びのチャンスがやって来ます。これだけ並ぶのは11年11月11日以来およそ10年ぶり。そしてこれを過ぎると33年3月3日まで10年以上ありません。平成22年2月22日はラッキーなことに月曜日。全国どこの郵便局でも消印が押せます。実際、数字が並んだ風景印は見た目にもきれいなものです。あなたも当日はお祭りに参加してみませんか？

3月◉歌舞伎を知って、再び春

◉2009年3月3日（火）雛祭りの日1局

16：57、362浅草橋局。またもやぎりぎりに到着すると、ちょうど年輩の女性のお客さんが風景印を押してもらっているところでした。「3月3日は郵頼してくる方も多いです」と女性局員さん。浅草橋には最盛期には30数軒の人形店があり、現在でも駅を出た向かいに吉徳、秀月、久月など約10軒が固まっています。ちらりとのぞくとお値段は雄雛と雌雛のセットで5万円くらいから。ふと娘を持つ友人たちのことを思ってしまいました。

◉3月13日（金）江戸の歌舞伎と現代の歌舞伎7局

9：45、363新宿アイタウン局。今日の目当てであるこぶしの花について聞くと「ビルの裏にある坂道の街路樹がこぶしなんです」と女性局員さん。行ってみると左右合わせて15本程度ですが、こうした地元の人だからこそ分かる題材を扱っているのも風景印らしくていいですね。

電車で浅草へ。11：05、364台東花川戸《はなかわど》局。私は歌舞伎にはまったくの無知で、『風景スタンプ集』に「花川戸の助六」と書かれていると、花川戸以外にも助六がいるのかと思ってしまうくらいですが、歌舞伎の『助六』は浅草が舞台の話だったのですね。吉原の花魁・揚巻の愛人である侠客の助六は、遊客を相手にけんかを吹っかけてばかりいるが、実は刀を抜かせて所縁の宝刀を見つけようとしているという話。初演は1713年で二代目市川団十郎の当たり役でしたが、時が下って1879（明治12）年、九代目団十郎が建立したのがこの歌碑。「助六にゆかりの雲の紫を弥陀の利剣で鬼は外なり」と彫られています。その九代目の銅像は365浅草四局に。11：25集印。江戸歌舞伎は今の中央区が中心地でしたが、1842年に天保の改革で浅草・猿若町に移されました。まさにその時期に活躍したのが劇聖と呼ばれた九代目だったから、浅草寺に銅像が建ったわけです。右に石碑のある宮戸座は1896（明治29）から37（昭和12）年まで、現在の浅草3丁目にあった芝居小屋で、大歌舞伎よりも安く見られる小芝居が上演されました。浅草が芝居の街だったことをうかがわせます。

今度は銀座に移動。13：35、366朝日ビル内局。ここにはかつて朝日新聞本社があり、石川啄木は09（明治42）年から亡くなるまでの約3年間、校閲係として勤務。その間に歌集『一握の砂』『悲しき玩具』などを発表しました。

雛人形と旧蓬莱園の銀杏（P181）
旧蓬莱園は平戸藩主の別荘で名園でしたが、関東大震災で荒廃し、跡地には都立忍岡高校があります。17 世紀から立つ大銀杏は高さ 17 m、根元の周囲は5m。

❸❻❷ 浅草橋局

❸❻❸ 新宿アイタウン局

こぶしと新宿アイタウン（P177）
まだ蕾だったので 3 月 27 日再撮。
背景がアイタウンビル。
提灯型の理由は、熊野神社の秋祭りにはこの辺一帯に提灯がぶら下がるから。ぜひ秋にもう一度来たいです。

❸❻❹ 台東花川戸局

花川戸の助六と九代目団十郎の歌碑（P180）

❸❻❻ 朝日ビル内局

朝日ビルと石川啄木の歌碑、銀座の街灯（P175）
碑には仕事風景を詠んだ「京橋の瀧山町の新聞社　灯ともる頃のいそがしさかな」という歌が刻まれています。碑の裏側にキツツキ（啄木鳥）がいて、制作者の愛を感じます。

❸❻❺ 浅草四局

九代目団十郎の銅像、宮戸座跡碑（P180）
銅像は浅草寺本堂の裏手にあり、ポーズを取っている『暫』は九代目の十八番。

14：15、367銀座六局。ここもこぶし狙いで来たのですが、近隣には見当たりません。女性局員さんに聞くと「すぐそこの通りの街路樹だと思うんですけど、道路を改装したので変わったかもしれません」。確かにネットで検索すると、以前はみゆき通りの街路樹がこぶしだったらしい記述が見つかったのですが、現在みゆき通りに植えられているのはすべてヒトツバタゴという木。写真のように歩道や街路樹も新しいですし、局員さんの説が正しそうです。

14：45、368京橋局の題材も歌舞伎座にちなみ助六です。「築地へ抜ける歩け歩け運動をやっている団体さんが、〝風景印ある？〟って聞いて押して行ったりします。健康と趣味と両方兼ねているみたいですね」と女性局員さん。そう、私も昨年春に局まわりを始めた頃は、歩いていると明らかに腹回りの肉が絞れるのを感じました。最近はまわる局数が減ったので堕落した体型になっていますが、風景印散歩は健康にもいいのです！

15：05、369銀座三局は弁慶が描かれているので『勧進帳』の切手と合わせました。安宅の関を越えるために山伏に化けた弁慶が、申し訳なさを隠して主君の義経を叩くという話です。まさに歌舞伎座の裏にあるので、歌舞伎見物に来た方は京橋局と一緒に、ぜひ押して帰ってほしいものです。それから風景印の左端にある「銀座3丁目」の立札ですが、どこにあるものか聞くと、男性局員さんが2人して考えてくれましたがわからずじまい。私もどこかで見たことがあるような気がし、銀座3丁目の外周に沿って歩いてみると、見つけましたよ。銀座通りには各丁にこの金属板が立っているのです。あの時お世話になった局員さん、答えは銀座通りですので！

歌舞伎を大テーマに歩いた本日、締めは歌舞伎座での芝居見物、個人的には初歌舞伎です。歌舞伎座は２０１０年に建て替えが決定しており、この1年間は「さよなら公演」を興行中。3月の演目は『元禄忠臣蔵』でした。

◉3月18日（水）象徴としての桜、春再び2局

12：35、国際郵便物の交換を主業務とする370東京国際支店へ。周囲は民間輸送会社が並んだ倉庫街。図案の桜は万国郵便連合（ＵＰＵ）に属する日本の象徴としての桜だと思いますが、局の向かいにも桜並木があることに気づき、4月4日に再訪して撮影をしました。

浅草に移動して14：55、371東浅草局。６２８年3月18日は浅草寺のご本尊・聖観世音菩薩が隅田川からすくい上げられた日で、「浅草寺縁起」に「寺辺に天空から金龍が舞い降り……」とあることから、58（昭和33）年より「金龍の舞」が奉納されています。若者が金の鱗を持つ龍を掲げて舞うのですが、フワフワした動かし方が絶妙で、神代には本当にこんな風に龍が空を舞っていたのではないかと思わせられます。行事尽くしの浅草の春がまた始まります。

❸❻❽ 京橋局

助六と銀座の街並み（P175）

❸❻❾ 銀座三局

© 松竹

弁慶と銀座の街並み、高速道路周辺の景色、銀座3丁目立札（P175）
写真は右が花道、私が座ったのは3階のB席、一番上の方です（2500円）。歌舞伎って難解なのでは……と心配だったのですが、チラシの粗筋を読めば中高生の古典レベルで十分に台詞も理解できます。テレビで時代劇を見るのと同じくらい抵抗がないというのが発見でした。見せ場には必ず通の人たちから「成田屋！」などと掛け声がかかるのが歌舞伎ならでは。

銀座の街並みとこぶし、街灯（P175）

❸❻❼ 銀座六局

富士山と桜と UPU のマーク（P183）

❸❼⓪ 東京国際支店

金龍の舞と江戸六地蔵（P180）
金龍の舞は全長18m、重量88kg、担ぐのは8人で鱗の枚数は8888枚とおめでたい「8」尽くし。10月18日にも開催しています。東禅寺にある地蔵は江戸六地蔵のひとつで、❷❷❺の巣鴨と❷❾❸の品川と3つが風景印になっています。

❸❼❶ 東浅草局

◉3月20日（金）愛しのジャイアントパンダ1局

1882（明治15）年3月20日に開園した上野動物園。その象徴であるパンダの最後の1頭リンリンが08（平成20）年4月30日に亡くなってしまいました。もうあの愛らしい姿を見られないのかと残念に思っていましたが、何と国立科学博物館地球館で初代のカンカン&ランラン他歴代パンダの剥製に再会できます。やっぱ、可愛いなあ。中国からの貸与には費用の高さで賛否両論ですが、372上野局の風景印も図案そのままで待っているので、ぜひ実現してほしいものです。14：00訪局。

◉3月23日（月）1日遅れの放送記念日1局

14：00、373放送センター内局。本当は3月22日の放送記念日にしたかったのですが、曜日が合わず23日に。ちょうどNHKで取材があったので早目に行って押印しました。見学施設のスタジオパークはニューススタジオやアニメのアフレコを体験できたり、番組の収録を見られたりするのが楽しいところ。「見学に来たついでに風景印を押して行くお客さんが多いですね」と男性局員さん。

◉3月24日（火）最後は東京のど真ん中で2局

13：30、374第二霞ケ関局は国土交通省などが入っている中央合同庁舎第2号館の地下1階にあります。通用門で身分証を求められるので、免許証や保険証などを持参することをおすすめします。それから入館票に氏名、住所などを記入するとパスがもらえて無事入館。押印は非常に愛想のいい男性局員さんで、ご自身も旅行先で風景印を集めておられるとか。図案の時計塔は、元東京市長で衆議院名誉議員であった尾崎行雄を顕彰したもので、国会前庭にあります。3面に時計があり、司法・立法・行政の三権分立を象徴していますが、三角形というよりは漢字の「人」のような三面星型です。敷地内にある憲政記念館では、東洋で初の憲法国家を目指した日本が、明治の文明開化とともに西洋の憲法を学び、第二次世界大戦後、女性も参政権を得るまでの歴史が一望できます。授業で習った時は何のこっちゃでしたが、私のような一般人が国政に一票を投じられる今の世の中はいいなと実感できます。

16：10、375東京高等裁判所内局。建物の1階入口で飛行場のような荷物ゲートをくぐって入館、局は地下1階にあります。裁判所内局ならではで、特別送達と内容証明専用の窓口がそれぞれあります。金曜は特に混むそうなので避けた方が無難。押印してくれたのは、以前千代田霞が関局で対応してくれた局員さんで、「12月に異動になったんですよ」とのこと。最後の最後でうれしい再会でした。

というわけで、08年3月25日に始めた東京23区風景印散歩も、丸一年の今日でぴったり375局完集達成しました。図案の桜田門を撮影、最後に東京の礎である江戸城に戻ってこれたのもオツかな、ということで。

㊆㊁ 上野局

01.4.1

画像提供：国立科学博物館

上野動物園のパンダ、西郷隆盛像と国立博物館、旧寛永寺五重塔と桜（P181）
パンダの見られる国立科学博物館は 9：00 ～ 17：00（金は～ 20：00）、月休、大人 600 円。

373 放送センター内局

81.1.14

NHK 放送センターと代々木競技場（P188）
スタジオパークは 10：00 ～ 18：00、第 3 月休、大人 200 円。

374 第二霞ヶ関局

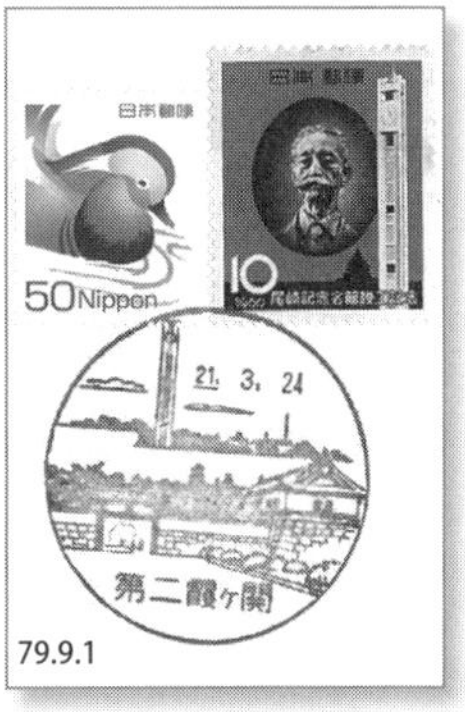

79.9.1

尾崎記念塔と江戸城桜田門（P170）
60（昭和 35）年発行の記念切手にも描かれているこの塔ですが、50 年の間にリニューアルしており、少しデザインが違います。記念館も 60 年当時の尾崎記念館から 72（昭和 47）年に憲政記念館へと発展改称しました。9：30 ～ 17：00、月末休。

ミニ裁判傍聴記

私が傍聴した裁判は①殺人未遂②強姦致傷の2つで、どちらも傍聴席 48 席はほぼ満員。驚いたのは被告人との席の近さで、手錠をかけられた人をこんな間近で見たのは初めてだし、人を文化包丁で刺した人が低い柵を隔てただけのすぐそこにいると思うと、率直に怖さはありました。法廷ウォッチャーには途中で寝てしまったり、とりあえず開廷中の部屋に入って来て映画館にでも来たみたいによっこらしょと腰をかける人などもいます。私も体験として裁判を見に来たので五十歩百歩ですが、傍聴席には被害者や被告人の関係者で涙を流している人もいるわけで、せめてそういう人に失礼のない態度は必要だと感じました。あと、被告人はそうした見ず知らずの大衆の視線に間近でさらされ、犯した行為もリアルな言葉でつまびらかにされます。普通の精神だったら耐え難いはずです。そのことを知って犯罪を思い留まってくれる人が一人でも増えれば、法廷ウォッチングにも意義はあるなと感じました。

375 東京高等裁判所内局

80.11.4

日比谷公園と江戸城桜田門（P170）
印だけ見ると中央の高い建物が裁判所みたいですが、これはフコク生命ビルで、手前にある低い建物が日比谷公会堂。裁判所は描かれていないのです。

コラム18 便利な切符いろいろ

乗り降り自由でお得な交通機関の１日乗車券。主だったものでは次のようなものがあります。

①都電一日乗車券４００円
②都営バス一日乗車券５００円
③都電、都バス、都営地下鉄、日暮里・舎人ライナー１日乗車券７００円
④東京メトロ一日乗車券７１０円
⑤ＪＲ都区内パス７３０円
⑥東京メトロ・都営地下鉄共通一日乗車券１０００円
⑦ＪＲ、都営、東京メトロフリー切符１５８０円

この中で私が使い勝手がよかったのは④～⑥辺り。バスは路線によっては驚くほど本数が少ないので下調べが必要なのと、都営地下鉄は東京メトロやＪＲほど都内全域を網羅していないのがネック。ただし③は本書でも訪ねている旧古河庭園やていぱーくなど70近い施設の入場料が割引になるので、上手に使えばお得感は増します。⑦はオールマイティですが、都内で１日普通に切符を買って歩きまわっても意外と１５８０円までかからないものです。広範囲に渡り、桜の名所を何か所も１日でめぐるような時に向いています。

コラム19 風景印散歩の必需品

私が普段持ち歩くのは①筆記具、②手帳、③デジカメ、④都内区分地図、⑤風景スタンプ集、⑥Ａ４版クリアホルダー、⑦ノート、⑧ペットボトル飲料です。

押したばかりの風景印はインクが乾いていないので、すぐにビニル袋などに入れるのは厳禁。局員さんによっては当て紙やティッシュをくれる方もいますが、⑦ノートに挟むのが手っ取り早くて楽です。

普通の葉書などに押す場合は、訪ねた局で購入すれば局の売上げにもなって望ましいですが、局によって押す切手が違う場合などは、⑥クリアホルダーに１ポケット１局ずつ、その日行く予定の局順に押印台紙を入れ、付箋で局名を付けておく方法をおすすめします。ちゃんと準備していたつもりでも、何時間も歩きまわって疲れると頭が働かなくなって、他の局用の台紙に間違えて押してしまったりしがちですし、当日急遽行く順番を変更しても付箋に局名が書いてあれば紛らわしくありません。途中で雨に降られたりした時にも、ホルダーごとレジ袋などで包んで口を閉めれば、濡れる心配がかなり減らせます。

あと私が押印台紙に使っているカードはライフ株式会社の「情報カードＪ８８４無地」という商品です。東急ハンズで１００枚入り１８９円で購入していますが、きれいに整理できて重宝しています。

風景印めぐりマップ

東京23区

さあ、ここまで読んできた方は、ご自身も風景印を押しに出かけたくてたまらなくなっていることでしょう（←願望込み？）。次ページからは本書特製、東京23区内の風景印全使用局とその題材、さらに本書で触れた関連地や店を網羅した、まさに風景印散歩のための地図を掲載します。まずはあなたの家や勤務先、学校の近くにどんな風景印があるのかを調べてみるのが第一歩。通し番号は本文の番号に対応しているので、本文をたどれば図案も確認できます。ぜひ本書を片手に街に繰り出してください！

尚、開局時間が9～17時以外の局は注を付けています。遅くまで開いている局を終盤に回せば、1日でより多くの局をめぐることができます。

348 神田北神保町　郵便局名。〒マークが所在する場所です。

吾輩は猫である石碑　風景印の題材や本書で紹介した名所の位置。

【郵便局の開局時間について】

特記がない局は平日9：00～17：00
平10－18 → 平日10：00～18：00
平9－18 → 平日9：00～18：00
※1 → 平日9：00～19：00、ゆうゆう窓口は全日24時間
※2 → ※1 ＋ 土9：00～15：00
※3 → ※1 ＋ 土9：00～17：00
※4 → ※1 ＋ 土9：00～17：00 ＋ 日休9：00～12：30
※5 → ※1 ＋ 土日休9：00～17：00
それ以外は個別に注記しています。
ゆうゆう窓口が24時間開いていることは「ゆ24H」と略記。

千代田区

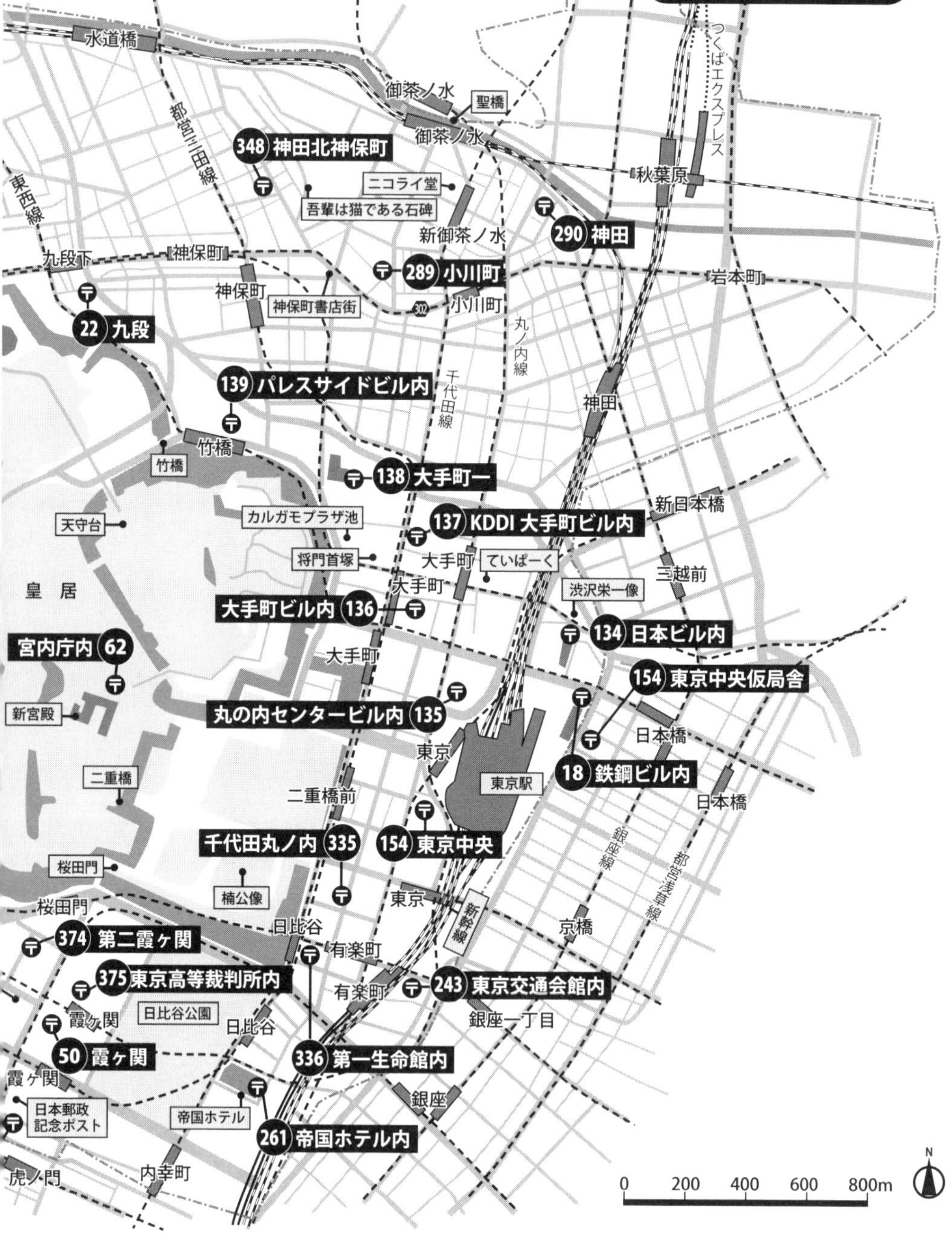

水道橋
御茶ノ水
聖橋
御茶ノ水
つくばエクスプレス
都営三田線
348 神田北神保町
ニコライ堂
吾輩は猫である石碑
秋葉原
東西線
新御茶ノ水
290 神田
九段下
神保町
289 小川町
岩本町
神保町
神保町書店街
302
小川町
22 九段
丸ノ内線
千代田線
139 パレスサイドビル内
神田
竹橋
竹橋
138 大手町一
新日本橋
天守台
カルガモプラザ池
137 KDDI 大手町ビル内
将門首塚
大手町
ていぱーく
三越前
皇居
大手町
渋沢栄一像
大手町ビル内 136
134 日本ビル内
宮内庁内 62
大手町
154 東京中央仮局舎
新宮殿
丸の内センタービル内 135
日本橋
東京
18 鉄鋼ビル内
東京駅
日本橋
二重橋
二重橋前
銀座線
千代田丸ノ内 335
154 東京中央
都営浅草線
桜田門
楠公像
東京
新幹線
桜田門
日比谷
京橋
374 第二霞ヶ関
有楽町
375 東京高等裁判所内
有楽町
243 東京交通会館内
霞ヶ関
日比谷公園
銀座一丁目
日比谷
50 霞ヶ関
336 第一生命館内
霞ヶ関
銀座
日本郵政記念ポスト
帝国ホテル
261 帝国ホテル内
虎ノ門
内幸町
0 200 400 600 800m
N

番号	郵便局名	郵便番号	住所	図版頁
18	鉄鋼ビル内	100-0005	丸の内1−8−2	23
21	都道府県会館内	102-0093	平河町2−6−3	23
22	九段	102-0074	九段南1−4−6（平9−18）	25
23	麹町	102-8799	九段南4−5−9（※1）	25
50	霞ヶ関	100-0013	霞が関1−2−1（平9−18）	35
62	宮内庁内	100-0001	千代田1−1（一般客は利用不可）	41
85	最高裁判所内	102-0092	隼町4−2	49
134	日本ビル内	100-0004	大手町2−6−2	67
135	丸の内センタービル内	100-0005	丸の内1−6−1	67
136	大手町ビル内	100-0004	大手町1−6−1	67
137	ＫＤＤＩ大手町ビル内	100-0004	大手町1−8−1	67
138	大手町一	100-0004	大手町1−3−3	67
139	パレスサイドビル内	100-0003	一ツ橋1−1−1	69
140	飯田橋	102-0071	富士見2−10−36（平9−18）	69
154	東京中央	100-8994	中央区八重洲1−5−3不二ビル（09年9月現在仮局舎・全日9−18）	73
155	海事ビル内	102-0083	麹町4−5	75
156	ホテルニューオータニ内	102-0094	紀尾井町4−1	75
242	千代田霞が関	100-0013	霞が関1−3−2（平9−18）	111
243	東京交通会館内	100-0006	有楽町2−10−1（平9−18）	111
260	霞が関ビル内	100-6003	霞が関3−2−5（平9−18）	117
261	帝国ホテル内	100-0011	内幸町1−1−1	117

※ ⑮④ 2011年改築後は〒100-8799千代田区丸の内2−7−2

番号	郵便局名	郵便番号	住所	図版頁
289	小川町	101-0052	小川町3−22（平9−18）	129
290	神田	101-8799	神田淡路町2−12（※4）	129
309	国会内	100-0014	永田町1−7−1（平9−18半）	137
335	千代田丸ノ内	100-0005	丸の内3−2−3	151
336	第一生命館内	100-0006	有楽町1−13−1	151
348	神田北神保町	101-0051	神田神保町1−36（平10−18）	157
374	第二霞ヶ関	100-0013	霞が関2−1−2（要身分証）	167
375	東京高等裁判所内	100-0013	霞が関1−1−4	167

中央区❶

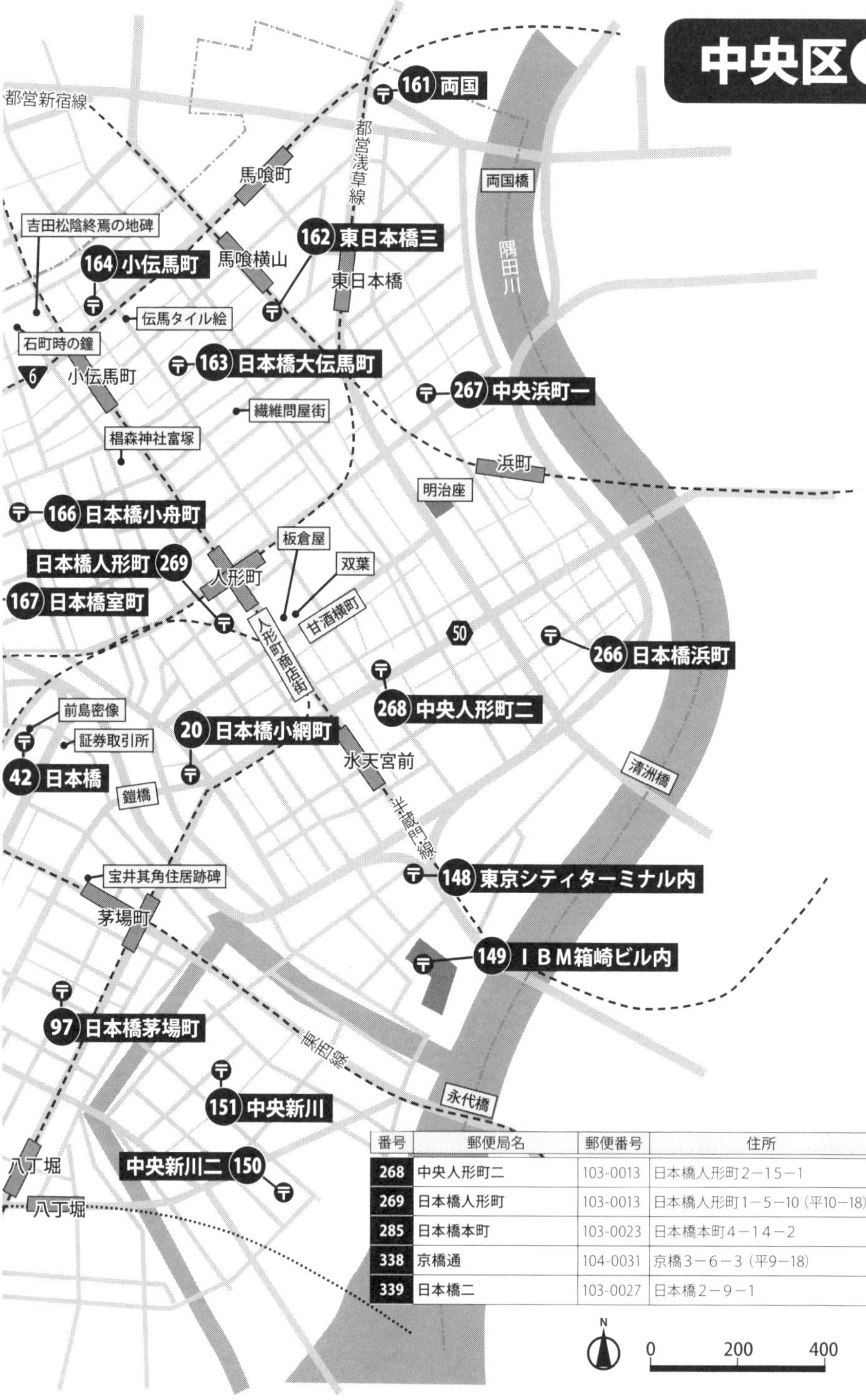

番号	郵便局名	郵便番号	住所	図版頁
268	中央人形町二	103-0013	日本橋人形町２−15−１	119
269	日本橋人形町	103-0013	日本橋人形町１−５−10（平10−18）	119
285	日本橋本町	103-0023	日本橋本町４−14−２	127
338	京橋通	104-0031	京橋３−６−３（平９−18）	153
339	日本橋二	103-0027	日本橋２−９−１	153

番号	郵便局名	郵便番号	住所	図版頁
19	日本橋プラザ内	103-0027	日本橋２－３－４	23
20	日本橋小網町	103-0016	日本橋小網町１１－５	23
42	日本橋	103-8799	日本橋１－１８－１（※３）	33
58	銀座一	104-0061	銀座１－２０－１４（平10－18）	39
59	銀座通	104-0061	銀座２－７－１８（平10－18）	39
60	銀座並木通	104-0061	銀座３－２－１０（平10－18）	39
97	日本橋茅場町	103-0025	日本橋茅場町２－４－６	55
148	東京シティターミナル内	103-0015	日本橋箱崎町２２－１	71
149	ＩＢＭ箱崎ビル内	103-0015	日本橋箱崎町１９－２１	71
150	中央新川二	104-0033	新川２－１５－１１	73
151	中央新川	104-0033	新川１－９－１１	73
152	日本橋通一	103-0027	日本橋１－２－１９	73
153	日本橋通	103-0027	日本橋3－8－3（08年7月より一時閉鎖）	73
161	両国	103-0004	東日本橋２－２７－１２（平９－18）	77
162	東日本橋三	103-0004	東日本橋３－４－１０	77
163	日本橋大伝馬町	103-0011	日本橋大伝馬町１２－１	77
164	小伝馬町	103-0001	日本橋小伝馬町10－10（平９－18）	77
165	新日本橋駅前	103-0023	日本橋本町３－３－４	79
166	日本橋小舟町	103-0024	日本橋小舟町４－１	79
167	日本橋室町	103-0022	日本橋室町１－１２－１３	79
257	日本橋三井ビル内	103-0022	日本橋室町２－１－１（平10－18）	115
258	中央八丁堀	104-0032	八丁堀２－９－１	117
259	八重洲地下街	104-0028	八重洲２－１（平10－18）	117
266	日本橋浜町	103-0007	日本橋浜町３－２５－１０	119
267	中央浜町一	103-0007	日本橋浜町１－５－３	119

※ 166 小舟町大提灯は台東区に。

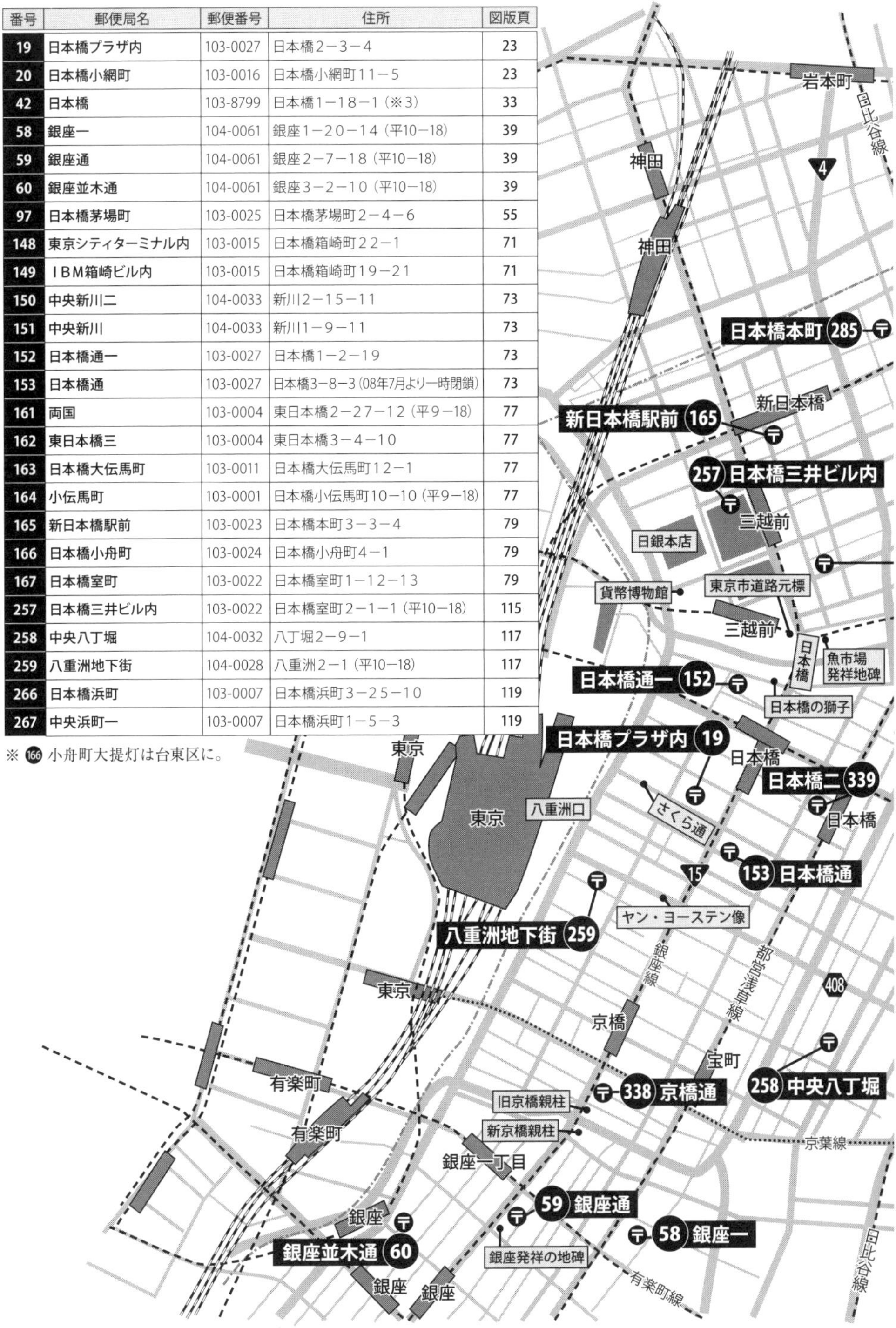

中央区❷

番号	郵便局名	郵便番号	住所	図版頁
51	中央湊	104-0043	湊2－7－4	35
57	中央新富二	104-0041	新富2－5－1	39
61	銀座西	104-0061	銀座西8－10（平10−18）	41
63	銀座	100-8799	銀座8－20－26（ゆのみ24H）	41
264	銀座七	104-0061	銀座7－15－5	119
265	銀座四	104-0061	銀座4－6－11（平10−18）	119
322	中央築地	104-0045	築地5－2－1	145
323	中央築地六	104-0045	築地6－8－6	145
324	中央勝どき	104-0054	勝どき1－7－1	145
325	中央勝どき三	104-0054	勝どき3－13－1	147
326	晴海トリトンスクエア	104-0053	晴海1－8－16	147
327	中央豊海	104-0055	豊海町5－9	147
337	聖路加ガーデン内	104-0044	明石町8－1	151
340	リバーシティ 21	104-0051	佃2－2－6－10	153
341	中央佃	104-0051	佃3－5－8	153
342	京橋月島	104-0052	月島4－1－14	153
366	朝日ビル内	104-0061	銀座6－6－7（平10−18）	163
367	銀座六	104-0061	銀座6－11－7（平10−18）	165
368	京橋	104-8799	築地4－2－2（※4）	165
369	銀座三	104-0061	銀座3－14－16（平10−18）	165

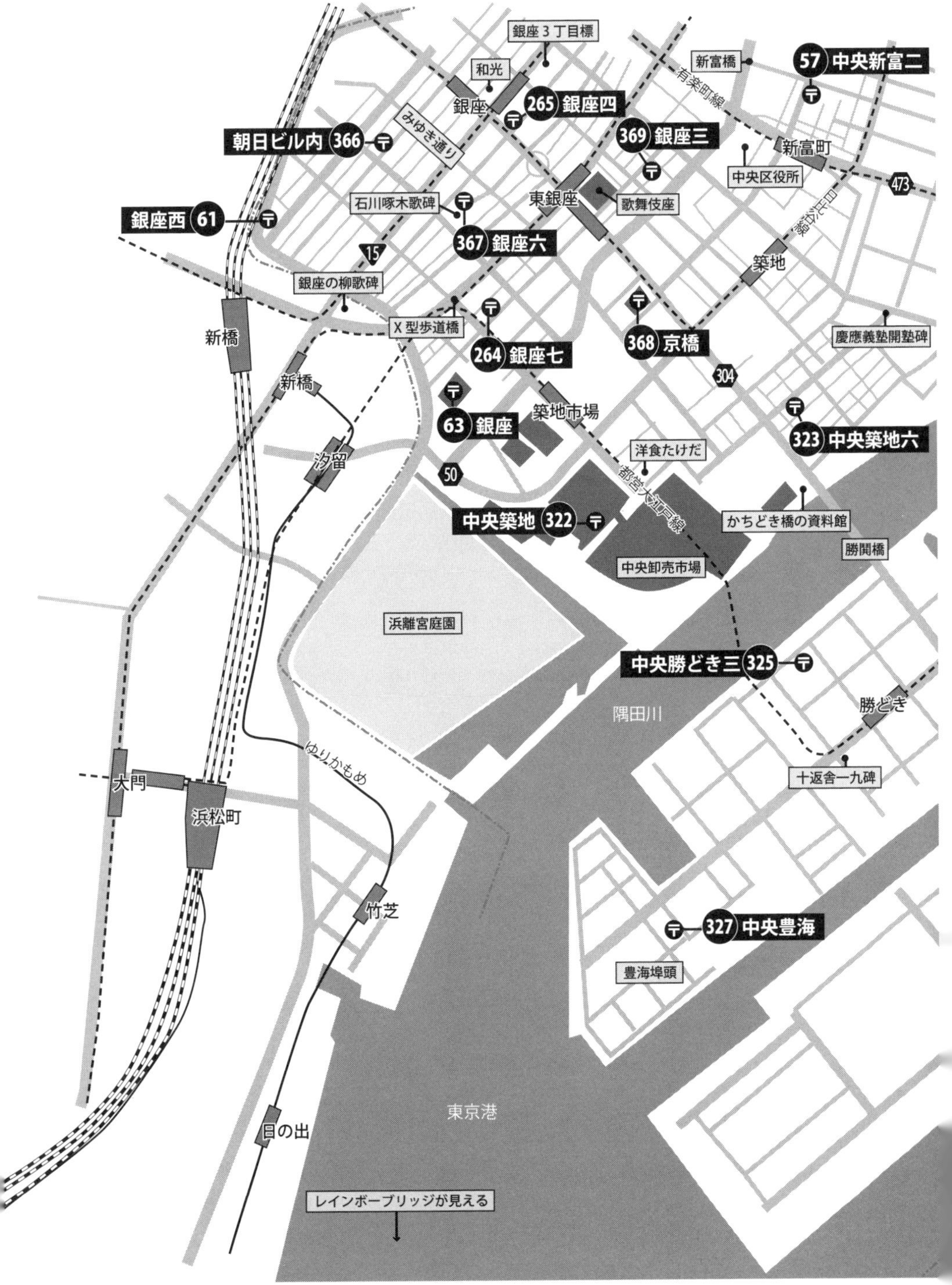
銀座３丁目標
和光
銀座
265 銀座四
新富橋
57 中央新富二
有楽町線
みゆき通り
朝日ビル内 366
369 銀座三
新富町
中央区役所
473
石川啄木歌碑
東銀座
歌舞伎座
銀座西 61
367 銀座六
日比谷線
15
築地
銀座の柳歌碑
新橋
X 型歩道橋
264 銀座七
368 京橋
慶應義塾開塾碑
新橋
304
築地市場
63 銀座
323 中央築地六
汐留
洋食たけだ
50
都営大江戸線
中央築地 322
かちどき橋の資料館
勝鬨橋
中央卸売市場
浜離宮庭園
中央勝どき三 325
隅田川
勝どき
ゆりかもめ
十返舎一九碑
大門
浜松町
竹芝
327 中央豊海
豊海埠頭
東京港
日の出
レインボーブリッジが見える

港区

番号	郵便局名	郵便番号	住所	図版頁
9	東京ミッドタウン	107-6203	赤坂9－7－1	19
52	高輪	108-8799	三田3－8－6（※2）	35
196	お台場海浜公園前	135-0091	台場1－5－4－301	89
262	汐留シティセンター	105-7190	東新橋1－5－2	117
263	新橋	105-0004	新橋1－6－9（平9－18）	117
278	世界貿易センター内	105-6101	浜松町2－4－1（平9－18）	125
296	港芝浦	108-0023	芝浦3－4－17	131
297	六本木ヒルズ	106-6106	六本木6－10－1	131
298	麻布	106-8799	麻布台1－6－19（※1）	133
299	赤坂	107-8799	赤坂8－4－17（※1）	133
312	泉岳寺駅前	108-0074	高輪2－20－30	141
320	芝	105-8799	西新橋3－22－5（※3）	143
343	港白金台	108-0071	白金台3－2－10	153

新宿区

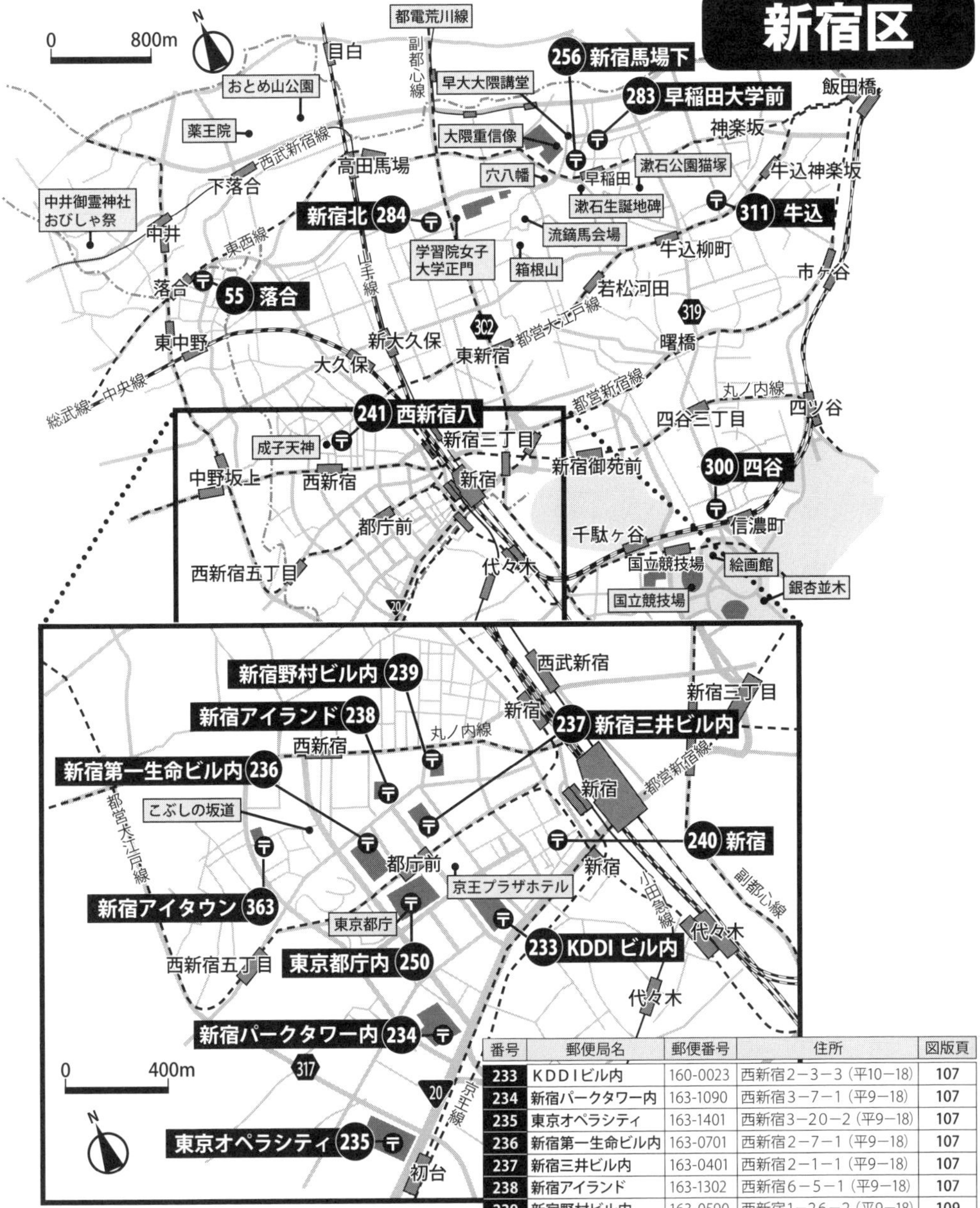

番号	郵便局名	郵便番号	住所	図版頁
233	KDDIビル内	160-0023	西新宿2－3－3（平10－18）	107
234	新宿パークタワー内	163-1090	西新宿3－7－1（平9－18）	107
235	東京オペラシティ	163-1401	西新宿3－20－2（平9－18）	107
236	新宿第一生命ビル内	163-0701	西新宿2－7－1（平9－18）	107
237	新宿三井ビル内	163-0401	西新宿2－1－1（平9－18）	107
238	新宿アイランド	163-1302	西新宿6－5－1（平9－18）	107
239	新宿野村ビル内	163-0590	西新宿1－26－2（平9－18）	109
240	新宿	163-8799	西新宿1-8-8（全日9-21ゆ24H）	109
241	西新宿八	160-0023	西新宿8－8－8	109
250	東京都庁内	160-0023	西新宿2－8－1（平9－18）	113
256	新宿馬場下	162-0045	馬場下町61	115
283	早稲田大学前	162-0041	早稲田鶴巻町533	127
284	新宿北	169-8799	大久保3－14－8（※2）	127
300	四谷	160-0016	信濃町31（平9－18）	133
311	牛込	162-8799	北山伏町1－5（※1）	141
363	新宿アイタウン	163-8012	西新宿6－21－1	163

文京区

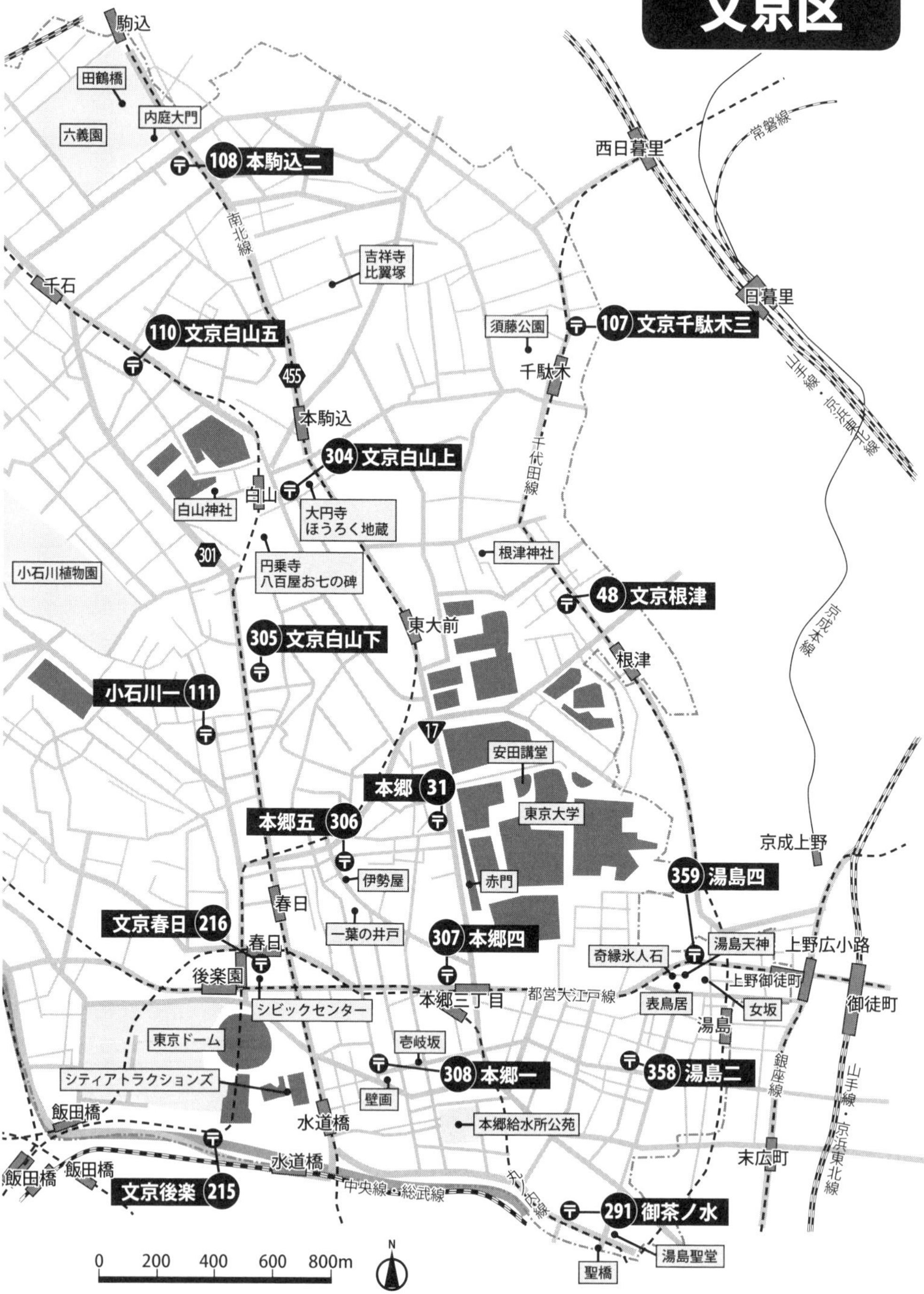

駒込
田鶴橋
内庭大門
六義園
108 本駒込二
南北線
吉祥寺
比翼塚
千石
110 文京白山五
455
本駒込
304 文京白山上
白山
白山神社
大円寺
ほうろく地蔵
301
円乗寺
八百屋お七の碑
小石川植物園
305 文京白山下
東大前
小石川一 111
17
本郷 31
本郷五 306
伊勢屋
春日
一葉の井戸
文京春日 216
春日
後楽園
シビックセンター
東京ドーム
シティアトラクションズ
飯田橋
飯田橋
飯田橋
文京後楽 215
水道橋
水道橋
中央線・総武線
壱岐坂
308 本郷一
壁画
本郷給水所公苑
307 本郷四
本郷三丁目
都営大江戸線
丸ノ内線
291 御茶ノ水
湯島聖堂
聖橋
西日暮里
常磐線
日暮里
107 文京千駄木三
須藤公園
千駄木
千代田線
根津神社
48 文京根津
根津
山手線・京浜東北線
京成本線
安田講堂
東京大学
赤門
京成上野
359 湯島四
湯島天神
奇縁氷人石
上野広小路
上野御徒町
表鳥居
女坂
御徒町
湯島
358 湯島二
銀座線
山手線・京浜東北線
末広町
0 200 400 600 800m
N

番号	郵便局名	郵便番号	住所	図版頁
11	文京水道	112-0005	水道2－14－2	21
13	小石川	112-8799	小石川4－4－2（※4）	21
31	本郷	113-8799	本郷6－1－15（※2）	29
48	文京根津	113-0031	根津1－17－1	35
81	文京関口一	112-0014	関口1－23－6	47
107	文京千駄木三	113-0022	千駄木3－41－3	59
108	本駒込二	113-0021	本駒込2－28－29	59
109	文京千石	112-0011	千石4－37－20	59
110	文京白山五	112-0001	白山5－18－11	59
111	小石川一	112-0002	小石川1－27－1	59
112	小石川五	112-0002	小石川5－6－10	59
141	文京大塚三	112-0012	大塚3－39－7	69

番号	郵便局名	郵便番号	住所	図版頁
142	文京大塚二	112-0012	大塚2－16－10	69
143	文京目白台二	112-0015	目白台2－12－1	69
144	文京音羽	112-0013	音羽1－15－15	69
215	文京後楽	112-0004	後楽1－2－7	101
216	文京春日	112-0003	春日1－16－21	101
282	文京目白台一	112-0015	目白台1－23－8	125
291	御茶ノ水	113-0034	湯島1－5－45（平9－18）	129
304	文京白山上	113-0023	向丘1－9－16	135
305	文京白山下	113-0001	白山1－11－8	135
306	本郷五	113-0033	本郷5－9－7	135
307	本郷四	113-0033	本郷4－2－5	135
308	本郷一	113-0033	本郷1－27－8－B101	135
358	湯島二	113-0034	湯島2－21－1（平10－18）	161
359	湯島四	113-0034	湯島4－6－11	161

台東区

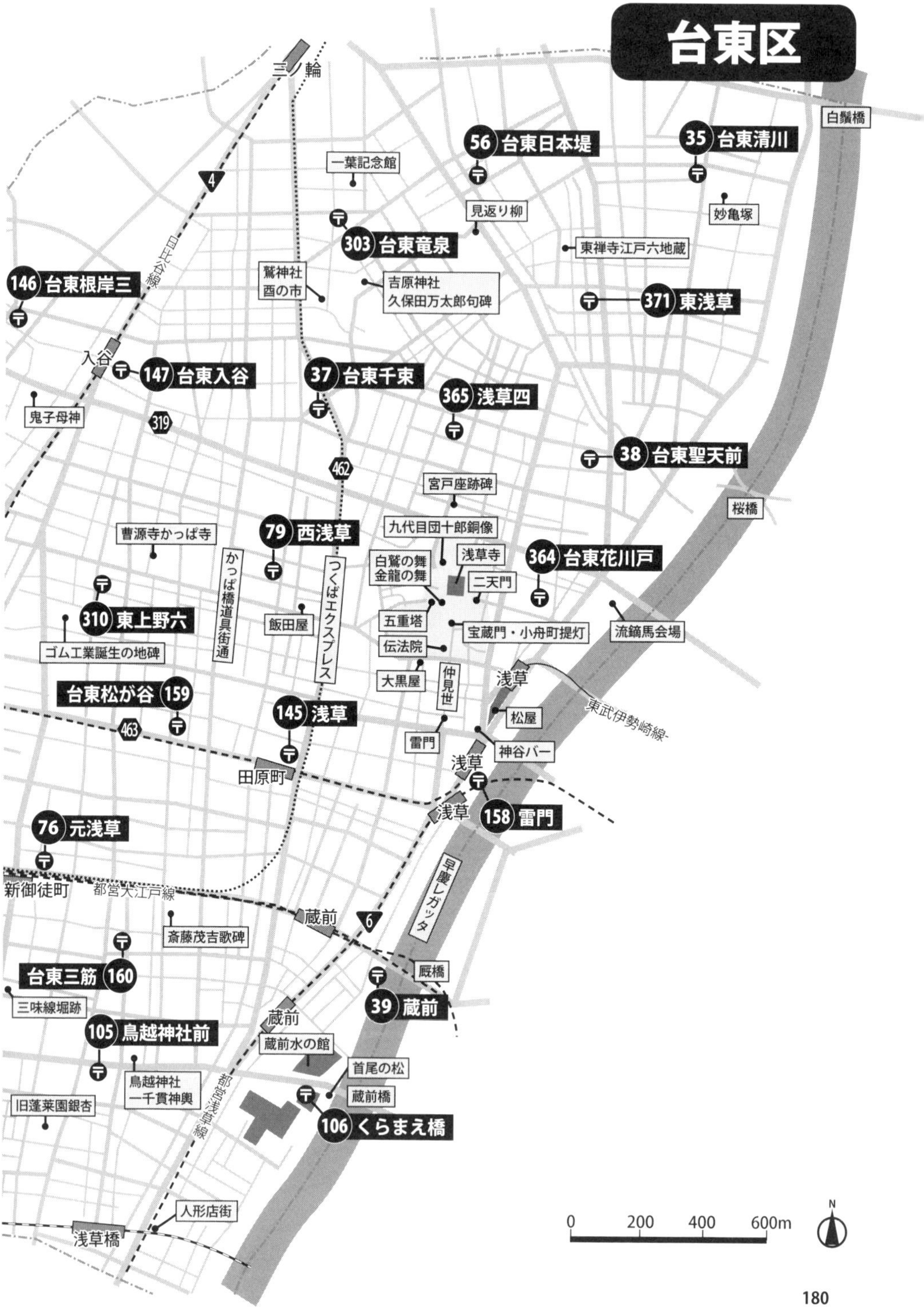

三ノ輪
白鬚橋
56 台東日本堤
35 台東清川
一葉記念館
4
見返り柳
妙亀塚
303 台東竜泉
東禅寺江戸六地蔵
日比谷線
146 台東根岸三
鷲神社
酉の市
吉原神社
久保田万太郎句碑
371 東浅草
入谷
147 台東入谷
37 台東千東
365 浅草四
鬼子母神
319
38 台東聖天前
462
宮戸座跡碑
桜橋
曹源寺かっぱ寺
79 西浅草
九代目団十郎銅像
浅草寺
364 台東花川戸
白鷺の舞
金龍の舞
二天門
かっぱ橋道具街通
つくばエクスプレス
310 東上野六
五重塔
飯田屋
宝蔵門・小舟町提灯
流鏑馬会場
ゴム工業誕生の地碑
伝法院
大黒屋
仲見世
浅草
東武伊勢崎線
台東松が谷 159
145 浅草
松屋
463
雷門
神谷バー
浅草
田原町
浅草
158 雷門
76 元浅草
早慶レガッタ
新御徒町
都営大江戸線
蔵前
6
斎藤茂吉歌碑
厩橋
台東三筋 160
39 蔵前
三味線堀跡
蔵前
105 鳥越神社前
蔵前水の館
首尾の松
鳥越神社
一千貫神輿
蔵前橋
都営浅草線
旧蓬莱園銀杏
106 くらまえ橋
人形店街
浅草橋
0
200
400
600m
N

番号	郵便局名	郵便番号	住所	図版頁
17	台東桜木	110-0002	上野桜木1−10−10	23
35	台東清川	111-0022	清川1−28−4	29
37	台東千束	111-0031	千束1−16−9	31
38	台東聖天前	111-0032	浅草6−34−8	31
39	蔵前	111-0051	蔵前2−15−6	31
56	台東日本堤	111-0021	日本堤1−31−7	39
76	元浅草	111-0041	元浅草1−5−2	45
79	西浅草	111-0035	西浅草3−12−1	45
105	鳥越神社前	111-0053	浅草橋3−33−6	57
106	くらまえ橋	111-0051	蔵前1−3−25	57
145	浅草	111-8799	西浅草1−1−1（※2）	71
146	台東根岸三	110-0003	根岸3−2−10	71
147	台東入谷	110-0013	入谷1−17−2	71
158	雷門	111-0034	雷門2−2−8（平9−18）	75
159	台東松が谷	111-0036	松が谷1−2−11	75
160	台東三筋	111-0055	三筋2−7−11	77
200	上野黒門	110-0005	上野3−14−1（平10−18）	95
201	台東谷中	110-0001	谷中2−5−23	95
223	台東根岸二	110-0003	根岸2−18−19	103
303	台東竜泉	110-0012	竜泉3−9−6	135
310	東上野六	110-0015	東上野6−19−11	141
314	上野七	110-0005	上野7−9−15	143
328	上野駅前	110-0005	上野6−15−1（平10−18）	147
362	浅草橋	111-0053	浅草橋5−5−6	163
364	台東花川戸	111-0033	花川戸2−8−1	163
365	浅草四	111-0032	浅草4−42−1	163
371	東浅草	111-0025	東浅草1−21−6	165
372	上野	110-8799	下谷1−5−12（※2）	167

※ 200 円通寺黒門は荒川区に。

番号	郵便局名	郵便番号	住所	図版頁
8	東向島一	131-0032	東向島1－4－8	19
32	墨田江東橋	130-0022	江東橋1－7－19	29
33	本所二	130-0004	本所2－15－5	29
34	墨田太平町	130-0012	太平1－12－5	29
36	墨田白鬚	131-0032	東向島4－9－4	29
213	向島四	131-0033	向島4－25－16	99
214	墨田吾妻橋	130-0001	吾妻橋2－3－2	99
224	向島	131-8799	東向島2－32－25（※2）	103
292	墨田緑町	130-0021	緑1－14－12	129
331	墨田両国三	130-0026	両国3－7－3	149
334	本所	130-8799	太平4－21－2（※2）	151

墨田区

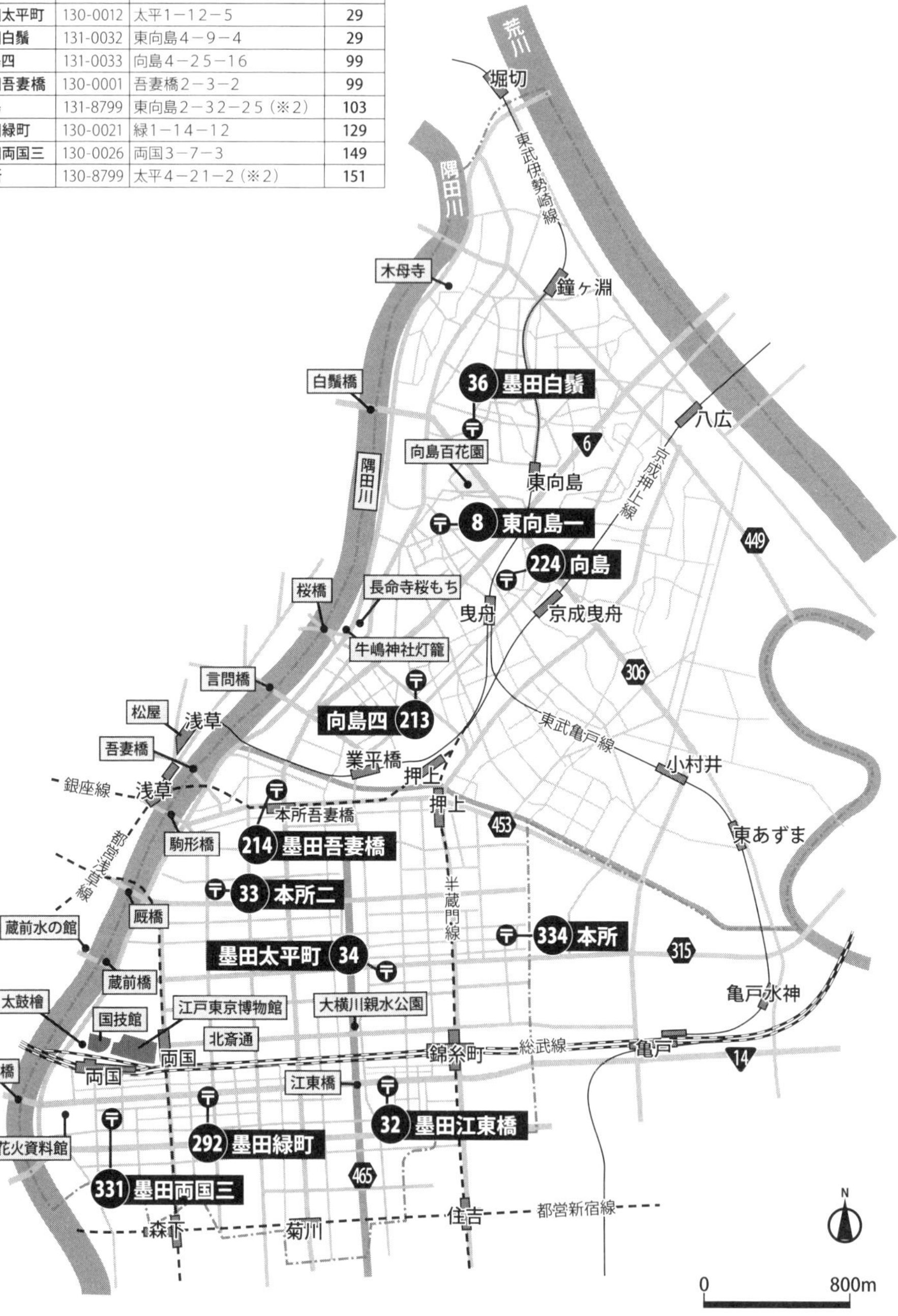

番号	郵便局名	郵便番号	住所	図版頁
49	城東	136-8799	大島3－15－2（※2）	35
82	深川	135-8799	東陽4－4－2（※2）	47
83	森下町	135-0004	森下1－12－6（平9－18）	47
270	江東新砂	137-8799	新砂2－4－23	121
271	新東京	137-8799	新砂2－4－23（ゆのみ24H）	121
272	江東南砂団地内	136-0076	南砂2－3－14	121
273	江東区文化センター内	135-0016	東陽4－11－1	121
274	深川一	135-0033	深川1－8－16	121
275	江東南砂	136-0076	南砂4－1－12	123
276	江東永代	135-0034	永代1－14－9	123
332	江東牡丹	135-0046	牡丹3－8－3	149
333	江東牡丹一	135-0046	牡丹1－2－1	151
370	東京国際	138-8799	新砂3－5－14（ゆのみ24H）	165

江東区

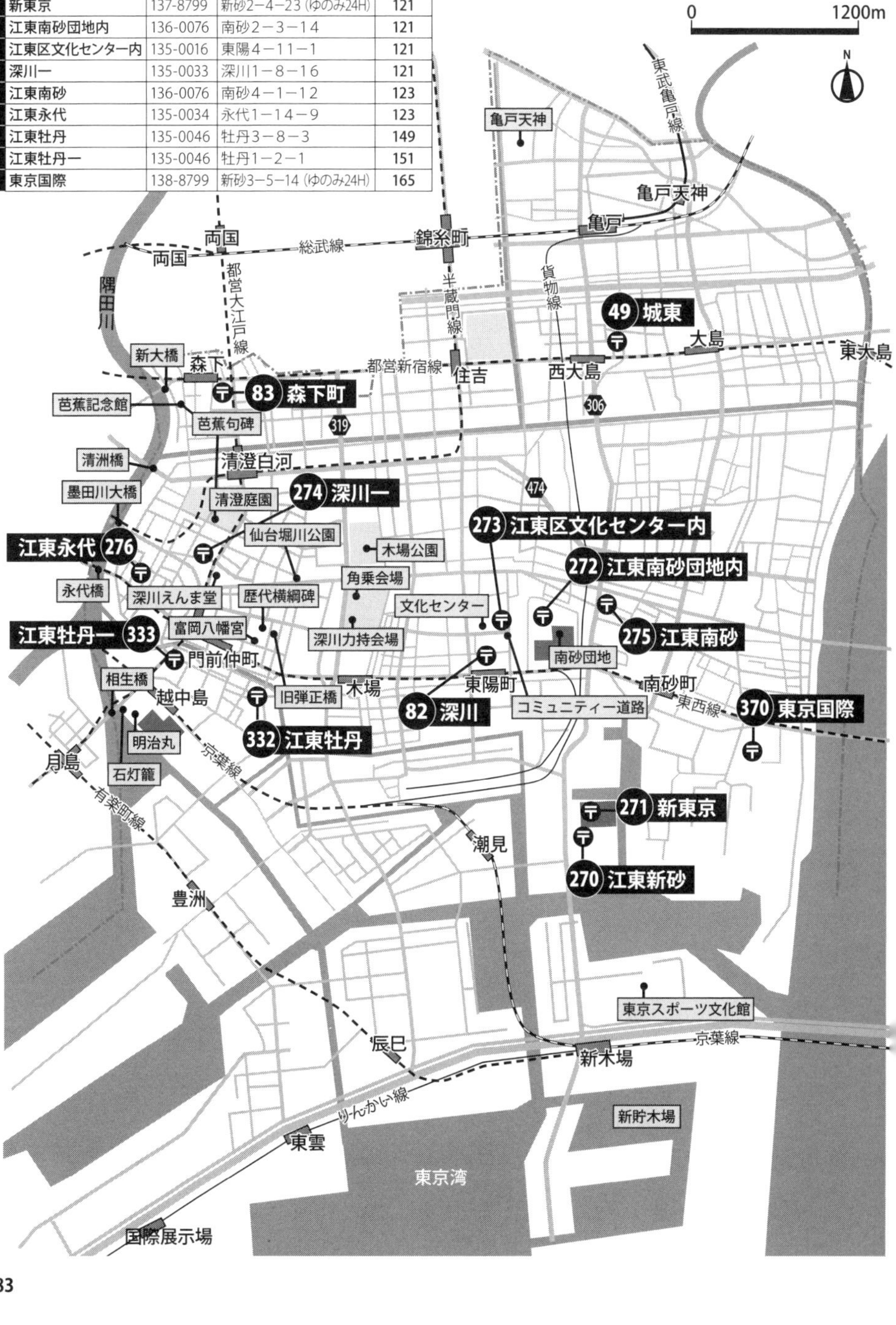

目黒区

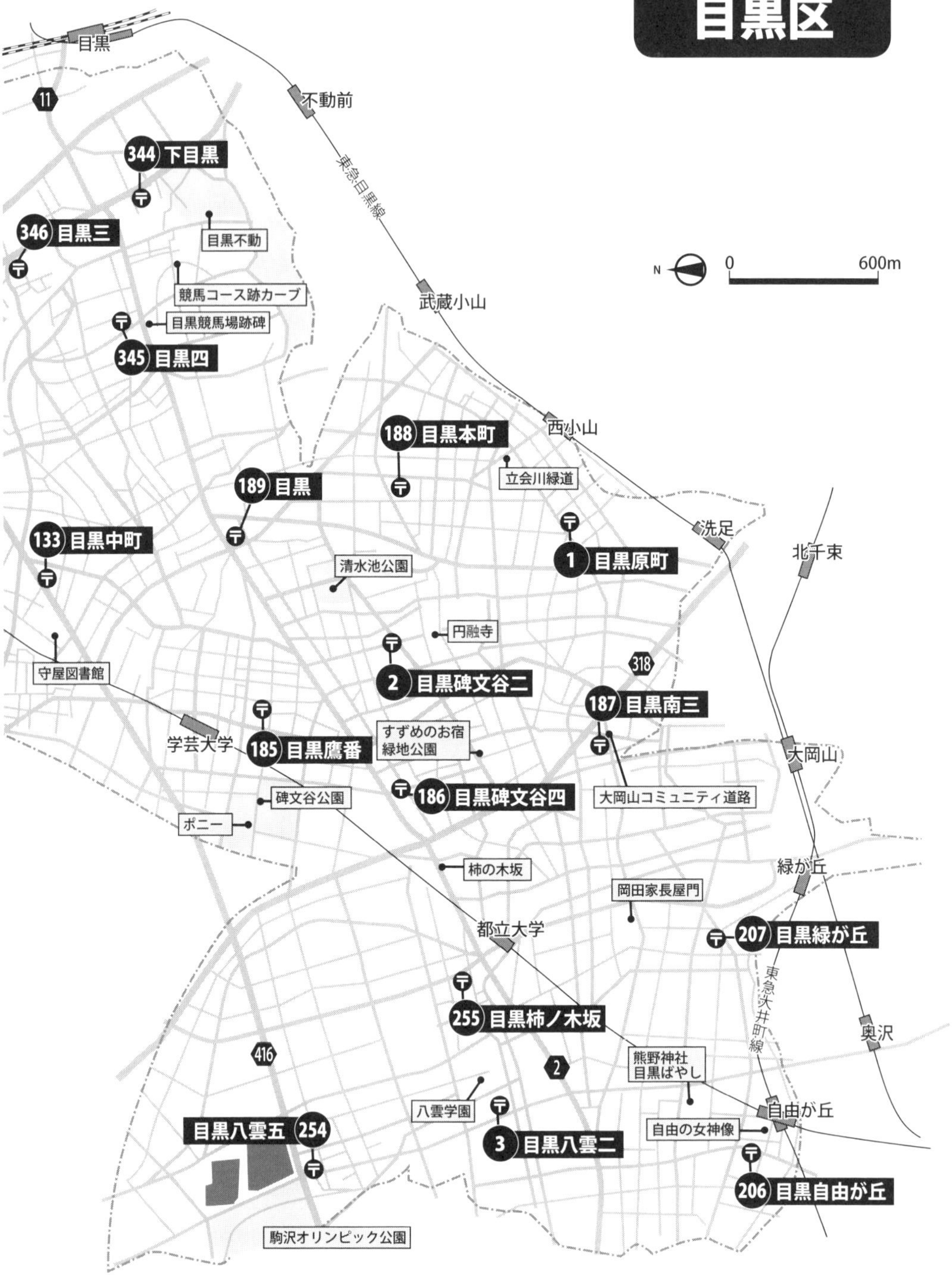
目黒
不動前
東急目黒線
11
344 下目黒
346 目黒三
目黒不動
競馬コース跡カーブ
目黒競馬場跡碑
345 目黒四
武蔵小山
N
0
600m
西小山
188 目黒本町
立会川緑道
189 目黒
133 目黒中町
洗足
北千束
1 目黒原町
清水池公園
円融寺
守屋図書館
318
2 目黒碑文谷二
187 目黒南三
学芸大学
185 目黒鷹番
すずめのお宿
緑地公園
大岡山
186 目黒碑文谷四
大岡山コミュニティ道路
碑文谷公園
ポニー
柿の木坂
緑が丘
岡田家長屋門
都立大学
207 目黒緑が丘
東急大井町線
255 目黒柿ノ木坂
奥沢
416
2
熊野神社
目黒ばやし
八雲学園
自由が丘
目黒八雲五 254
3 目黒八雲二
自由の女神像
206 目黒自由が丘
駒沢オリンピック公園

番号	郵便局名	郵便番号	住所	図版頁
1	目黒原町	152-0012	洗足1−11−20	17
2	目黒碑文谷二	152-0003	碑文谷2−5−8	17
3	目黒八雲二	152-0023	八雲2−24−18	17
4	目黒大橋	153-0044	大橋1−10−1−103	17
128	目黒駒場	153-0041	駒場1−9−6	65
129	目黒東山一	153-0043	東山1−1−1	65
130	目黒東山二	153-0043	東山2−15−17	65
131	上目黒四	153-0051	上目黒4−21−13	65

番号	郵便局名	郵便番号	住所	図版頁
132	目黒五本木	153-0053	五本木1−22−5	65
133	目黒中町	153-0065	中町2−48−31	65
185	目黒鷹番	152-0004	鷹番1−14−4	87
186	目黒碑文谷四	152-0003	碑文谷4−16−2	87
187	目黒南三	152-0013	南3−3−11	87
188	目黒本町	152-0002	本町6−12−16	87
189	目黒	152-8799	本町1−15−16（※5）	87
206	目黒自由が丘	152-0035	自由が丘2−11−19	97
207	目黒緑が丘	152-0034	緑が丘1−19−6	97
208	中目黒駅前	153-0051	上目黒2−15−8	97
254	目黒八雲五	152-0023	八雲5−10−17	115
255	目黒柿ノ木坂	152-0023	八雲1−3−4	115
344	下目黒	153-0064	下目黒3−2−3	155
345	目黒四	153-0063	目黒4−9−14	155
346	目黒三	153-0063	目黒3−1−26	155
347	目黒三田	153-0062	三田2−4−7	155

品川区

番号	郵便局名	郵便番号	住所	図版頁
190	荏原	142-8799	西中延1－7－23（※1）	87
197	品川南大井	140-0013	南大井4－11－3	91
279	品川天王洲	140-0002	東品川2－3－10－116	125
293	品川	140-8799	東大井5－23－34（※2）	131
321	大崎	141-8799	西五反田2－32－7（風景印は事業会社のみ配備※1）	145

大田区

番号	郵便局名	郵便番号	住所	図版頁
280	東京流通センター内	143-0006	平和島6－1－1	125
281	羽田空港	144-0041	羽田空港3－3－2（全日9－17）	125
294	蒲田	144-8799	蒲田本町1－2－8（※2）	131
355	田園調布	145-8799	南雪谷2－21－1（※1）	159
356	千鳥	146-8799	千鳥2－34－10（※2）	159
357	大森	143-8799	山王3－9－13（※2）	159

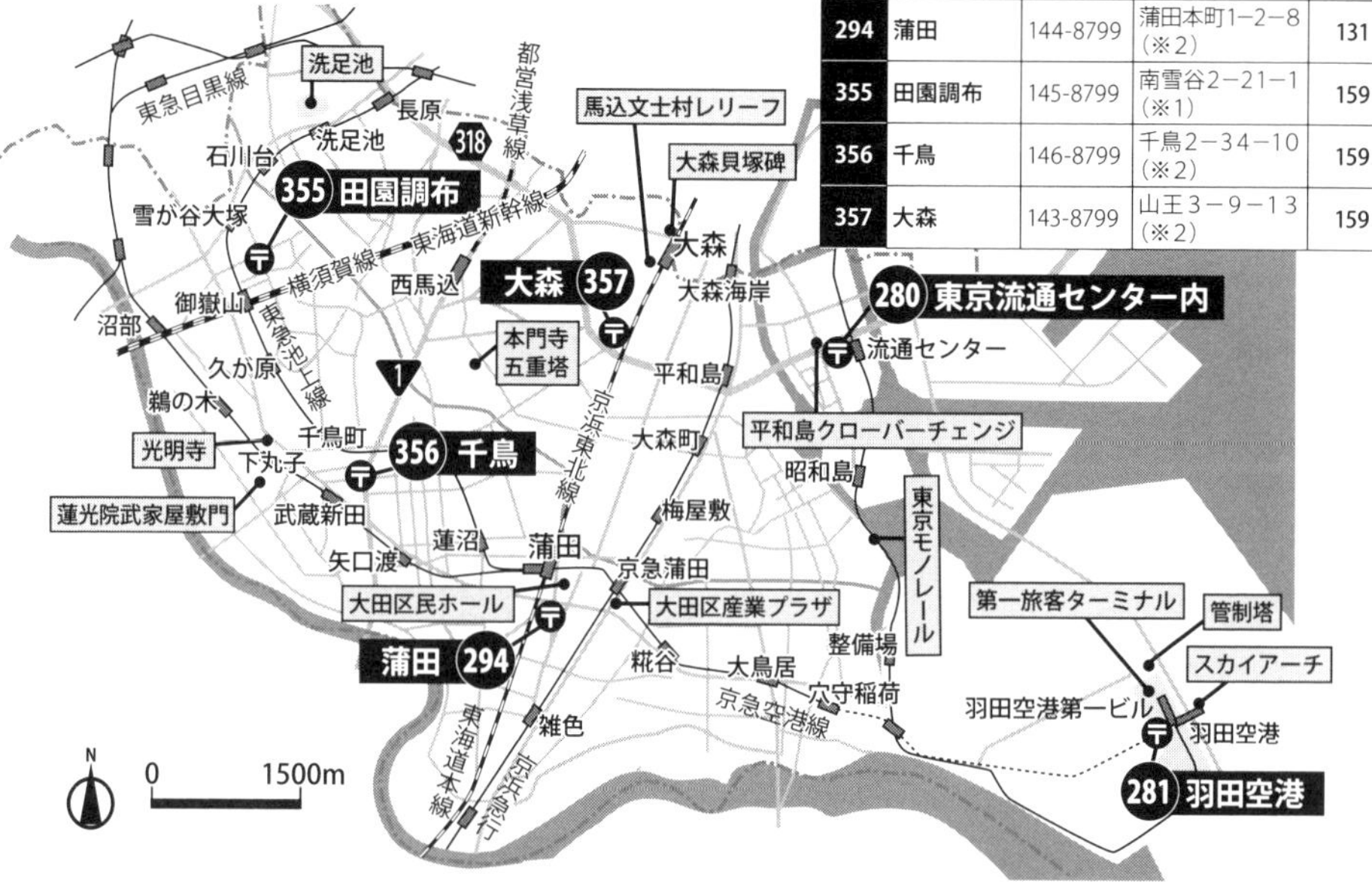

世田谷区

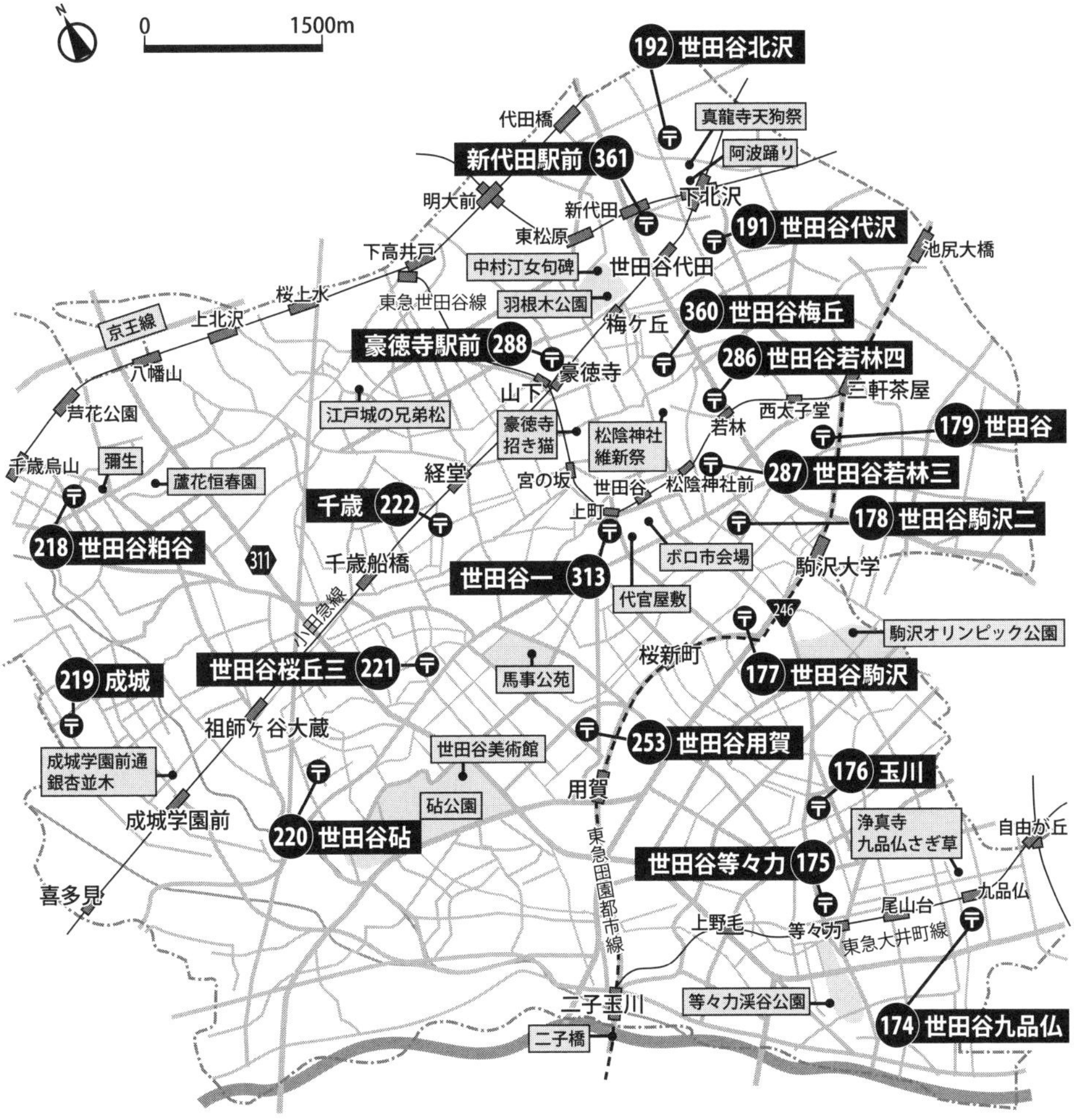

番号	郵便局名	郵便番号	住所	図版頁
174	世田谷九品仏	158-0083	奥沢8－15－9	83
175	世田谷等々力	158-0082	等々力3－9－1	83
176	玉川	158-8799	等々力8－22－1（※4）	83
177	世田谷駒沢	154-0012	駒沢3－15－2	83
178	世田谷駒沢二	154-0012	駒沢2－61－1	83
179	世田谷	154-8799	三軒茶屋2－1－1（※5）	83
191	世田谷代沢	155-0032	代沢5－30－4	89
192	世田谷北沢	155-0031	北沢2－40－8	89
218	世田谷粕谷	157-0063	粕谷4－13－14	101
219	成城	157-8799	成城8－30－25（※2）	101

番号	郵便局名	郵便番号	住所	図版頁
220	世田谷砧	157-0073	砧3－17－4	101
221	世田谷桜丘三	156-0054	桜丘3－28－2	101
222	千歳	156-8799	経堂1－40－1（※2）	103
253	世田谷用賀	158-0097	用賀3－18－8	115
286	世田谷若林四	154-0023	若林4－3－9	127
287	世田谷若林三	154-0023	若林3－16－4	127
288	豪徳寺駅前	154-0021	豪徳寺1－38－6	129
313	世田谷一	154-0017	世田谷1－25－8	141
360	世田谷梅丘	154-0022	梅丘3－14－16	161
361	新代田駅前	155-0033	代田5－29－7	161

番号	郵便局名	郵便番号	住所	図版頁
24	渋谷	150-8799	渋谷１−１２−１３（平9−21　土日休9−19　ゆ24H）	25
113	渋谷神南	150-0041	神南１−２１−１	61
114	原宿駅前	150-0001	神宮前６−２−６	61
183	渋谷松涛	150-0046	松濤１−２９−２４	85
184	渋谷道玄坂	150-0043	道玄坂１−１９−１３	85
232	代々木二	151-0053	代々木2−2−13（平10−18）	107
315	代々木三	151-0053	代々木３−３５−１０	143
329	代々木	151-8799	西原１−４２−２（※２）	149
373	放送センター内	150-0041	神南２−２−１	167

渋谷区

中野区

番号	郵便局名	郵便番号	住所	図版頁
12	中野サンクォーレ内	164-0001	中野４−３−１	21
55	落合	161-8799	東中野４−２７−２１（※２）	37
251	中野北	165-8799	丸山1−28−10（※1）	113
252	中野	164-8799	中野2−27−1（※4）	113

※ 55 薬王院とおとめ山公園は新宿区に。

杉並区

番号	郵便局名	郵便番号	住所	図版頁
125	杉並和田	166-0012	和田2－40－7	63
126	杉並堀ノ内	166-0013	堀ノ内1－12－6	65
127	杉並南	168-8799	浜田山4－5－5（※1）	65
180	杉並善福寺	167-0041	善福寺1－4－5	85
181	荻窪	167-8799	桃井2－3－2（※2）	85
182	杉並	166-8799	成田東4－38－14（※4）	85
217	杉並下高井戸	168-0073	下高井戸1－40－8	101

荒川区

番号	郵便局名	郵便番号	住所	図版頁
41	荒川西尾久三	116-0011	西尾久3－25－18	33
47	荒川町屋	116-0001	町屋1－19－9	35
244	荒川	116-8799	荒川3－2－1（※2）	111
245	荒川南千住	116-0003	南千住6－1－8	111

豊島区

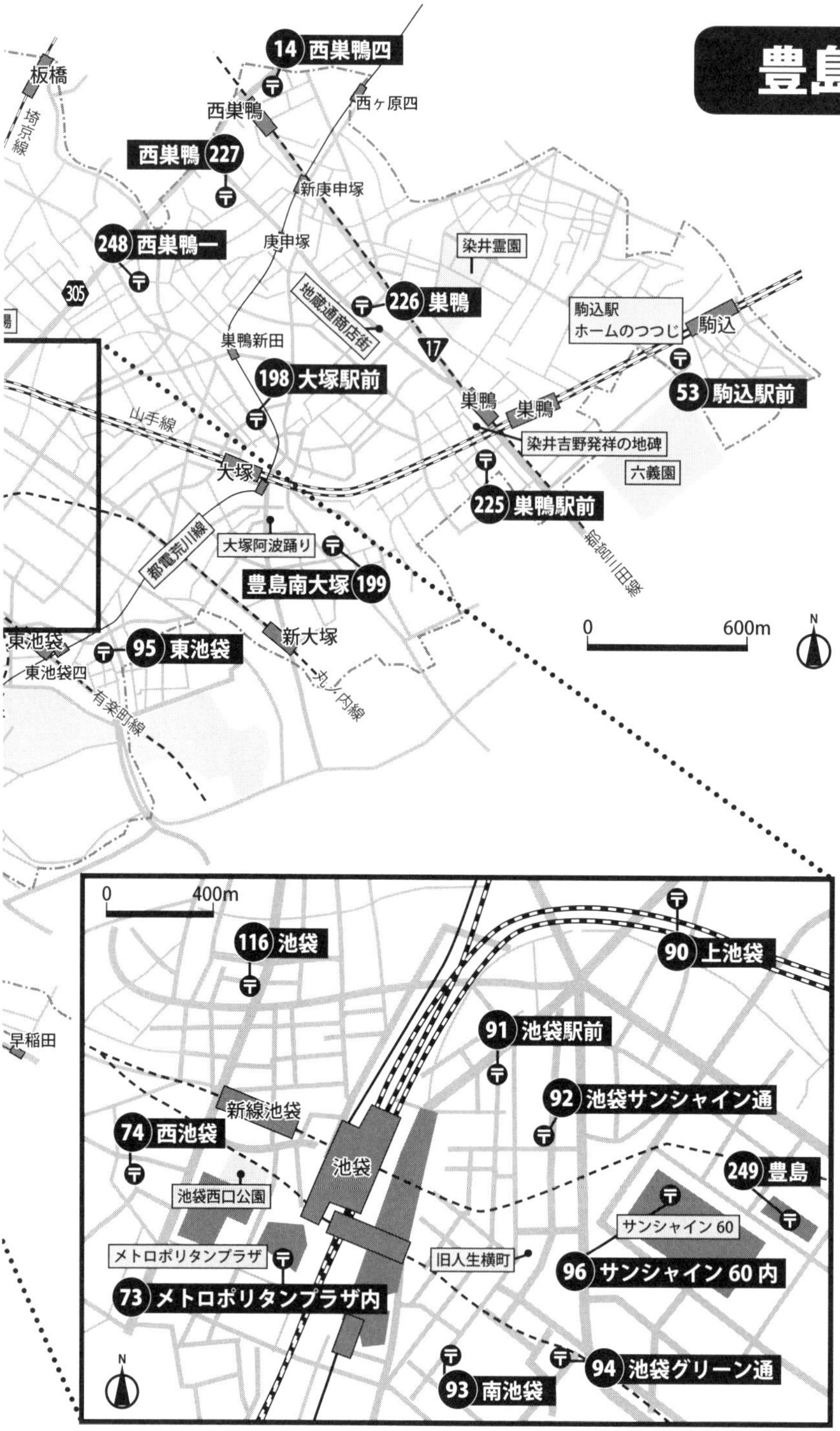
14 西巣鴨四
板橋
埼京線
西ヶ原四
西巣鴨
西巣鴨 227
新庚申塚
248 西巣鴨一
庚申塚
染井霊園
305
地蔵通商店街
226 巣鴨
駒込駅
ホームのつつじ
駒込
巣鴨新田
17
198 大塚駅前
53 駒込駅前
山手線
巣鴨
巣鴨
染井吉野発祥の地碑
六義園
大塚
225 巣鴨駅前
大塚阿波踊り
都電荒川線
豊島南大塚 199
都営三田線
0
600m
N
新大塚
東池袋
95 東池袋
東池袋四
丸ノ内線
有楽町線
0
400m
116 池袋
90 上池袋
早稲田
91 池袋駅前
92 池袋サンシャイン通
新線池袋
74 西池袋
池袋
249 豊島
池袋西口公園
サンシャイン 60
メトロポリタンプラザ
旧人生横町
96 サンシャイン 60 内
73 メトロポリタンプラザ内
N
94 池袋グリーン通
93 南池袋

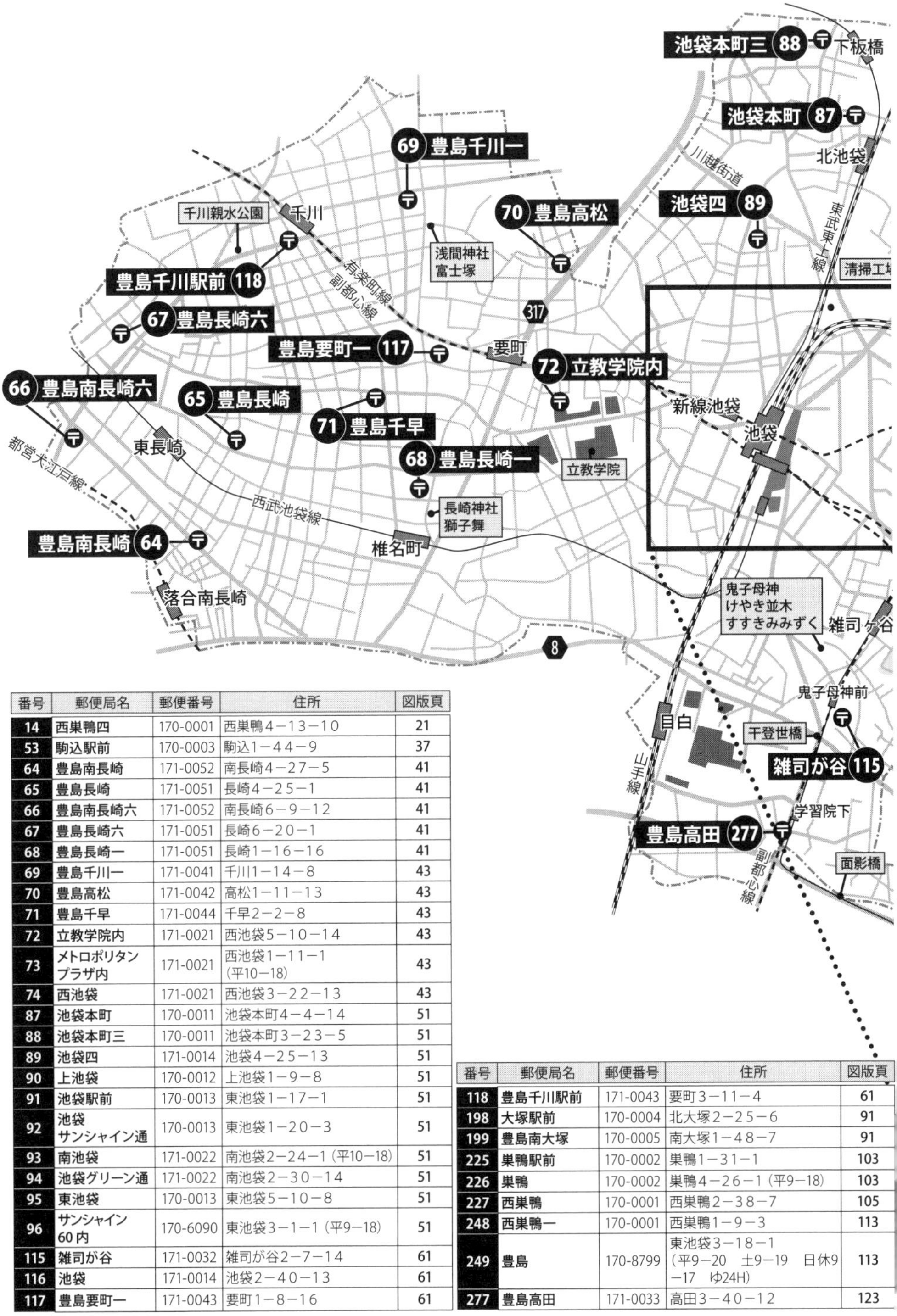

番号	郵便局名	郵便番号	住所	図版頁
14	西巣鴨四	170-0001	西巣鴨4－13－10	21
53	駒込駅前	170-0003	駒込1－44－9	37
64	豊島南長崎	171-0052	南長崎4－27－5	41
65	豊島長崎	171-0051	長崎4－25－1	41
66	豊島南長崎六	171-0052	南長崎6－9－12	41
67	豊島長崎六	171-0051	長崎6－20－1	41
68	豊島長崎一	171-0051	長崎1－16－16	41
69	豊島千川一	171-0041	千川1－14－8	43
70	豊島高松	171-0042	高松1－11－13	43
71	豊島千早	171-0044	千早2－2－8	43
72	立教学院内	171-0021	西池袋5－10－14	43
73	メトロポリタン プラザ内	171-0021	西池袋1－11－1 （平10－18）	43
74	西池袋	171-0021	西池袋3－22－13	43
87	池袋本町	170-0011	池袋本町4－4－14	51
88	池袋本町三	170-0011	池袋本町3－23－5	51
89	池袋四	171-0014	池袋4－25－13	51
90	上池袋	170-0012	上池袋1－9－8	51
91	池袋駅前	170-0013	東池袋1－17－1	51
92	池袋 サンシャイン通	170-0013	東池袋1－20－3	51
93	南池袋	171-0022	南池袋2－24－1（平10－18）	51
94	池袋グリーン通	171-0022	南池袋2－30－14	51
95	東池袋	170-0013	東池袋5－10－8	51
96	サンシャイン 60内	170-6090	東池袋3－1－1（平9－18）	51
115	雑司が谷	171-0032	雑司が谷2－7－14	61
116	池袋	171-0014	池袋2－40－13	61
117	豊島要町一	171-0043	要町1－8－16	61

番号	郵便局名	郵便番号	住所	図版頁
118	豊島千川駅前	171-0043	要町3－11－4	61
198	大塚駅前	170-0004	北大塚2－25－6	91
199	豊島南大塚	170-0005	南大塚1－48－7	91
225	巣鴨駅前	170-0002	巣鴨1－31－1	103
226	巣鴨	170-0002	巣鴨4－26－1（平9－18）	103
227	西巣鴨	170-0001	西巣鴨2－38－7	105
248	西巣鴨一	170-0001	西巣鴨1－9－3	113
249	豊島	170-8799	東池袋3－18－1 （平9－20　土9－19　日休9－17　ゆ24H）	113
277	豊島高田	171-0033	高田3－40－12	123

北区

番号	郵便局名	郵便番号	住所	図版頁
15	東田端	114-0013	東田端2−10−4	21
16	飛鳥山前	114-0023	滝野川2−1−10	21
40	赤羽岩淵駅前	115-0045	赤羽1−55−9	33
54	中里	114-0015	中里2−1−5	37
75	滝野川六	114-0023	滝野川6−76−1	43
86	西ヶ原	114-0024	西ヶ原3−2−1	49
202	王子	114-8799	王子6−2−28（※2）	95
203	王子五	114-0002	王子5−10−8	95
204	北志茂一	115-0042	志茂1−3−9	95
205	赤羽	115-8799	赤羽南1−12−10（※1）	95
246	王子本町	114-0022	王子本町1−2−11	111
247	西ヶ原四	114-0024	西ヶ原4−1−3	113

※54六義園は文京区に。

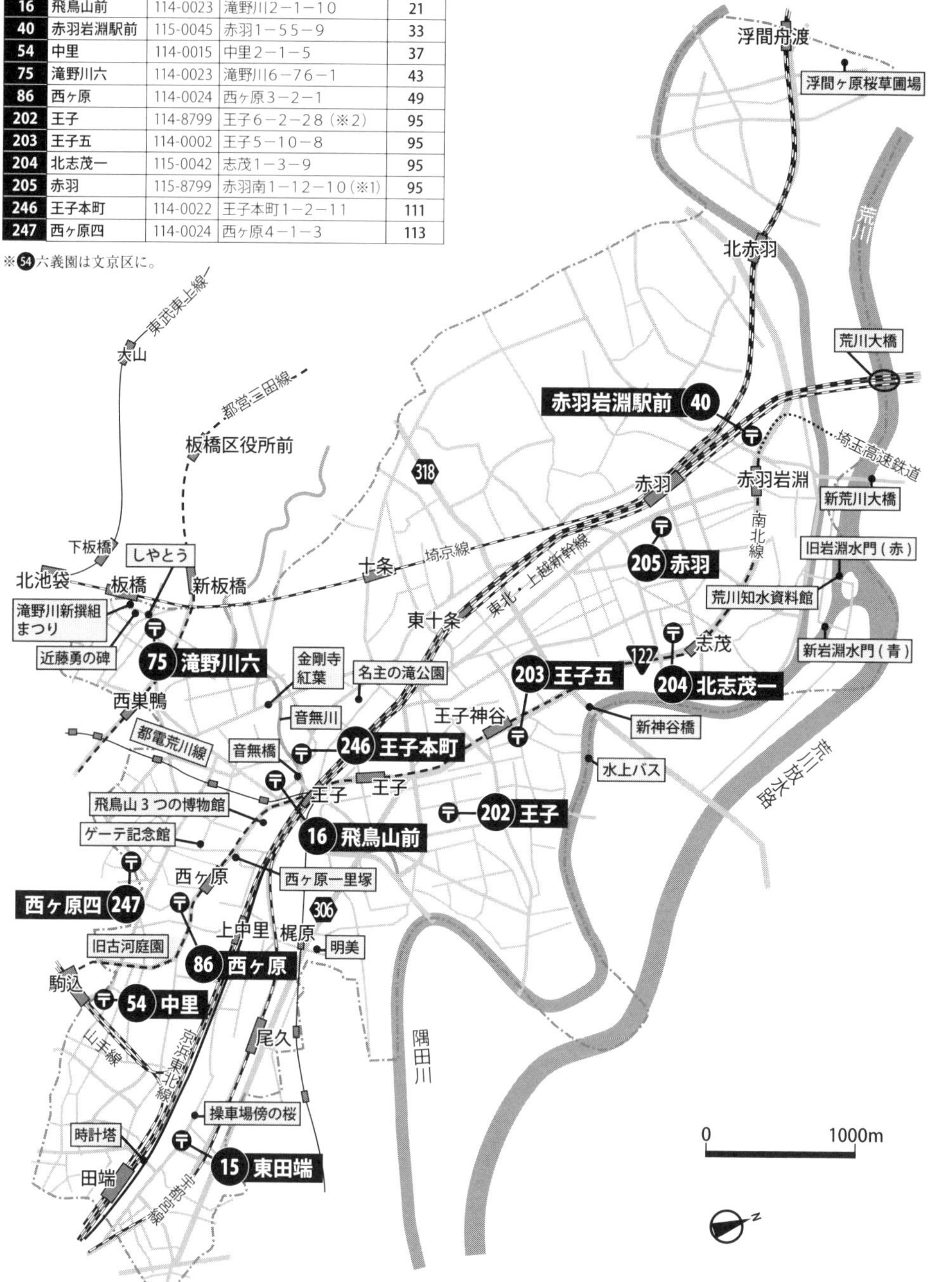

板橋区

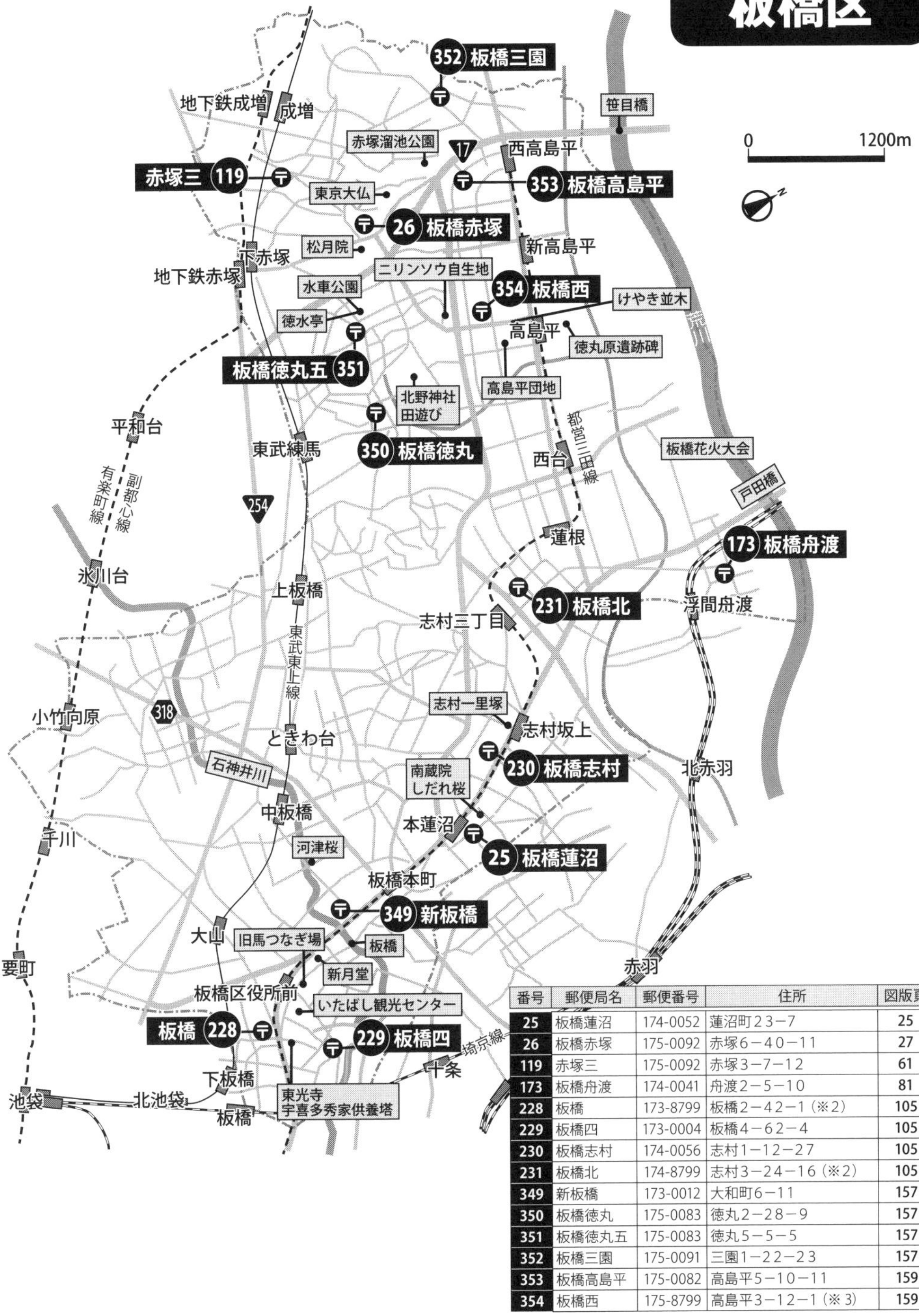

番号	郵便局名	郵便番号	住所	図版頁
25	板橋蓮沼	174-0052	蓮沼町２３－７	25
26	板橋赤塚	175-0092	赤塚６－４０－１１	27
119	赤塚三	175-0092	赤塚３－７－１２	61
173	板橋舟渡	174-0041	舟渡２－５－１０	81
228	板橋	173-8799	板橋２－４２－１（※２）	105
229	板橋四	173-0004	板橋４－６２－４	105
230	板橋志村	174-0056	志村１－１２－２７	105
231	板橋北	174-8799	志村３－２４－１６（※２）	105
349	新板橋	173-0012	大和町６－１１	157
350	板橋徳丸	175-0083	徳丸２－２８－９	157
351	板橋徳丸五	175-0083	徳丸５－５－５	157
352	板橋三園	175-0091	三園１－２２－２３	157
353	板橋高島平	175-0082	高島平５－１０－１１	159
354	板橋西	175-8799	高島平３－１２－１（※３）	159

練馬区

番号	郵便局名	郵便番号	住所	図版頁
10	練馬氷川台	179-0084	氷川台4－49－1	19
27	練馬大泉二	178-0062	大泉町2－51－1	27
28	練馬大泉四	178-0062	大泉町4－28－13	27
29	練馬東大泉四	178-0063	東大泉4－31－8	27
30	大泉	178-8799	大泉学園町4－20－23（※2）	27
295	石神井	177-8799	石神井台3－3－7（※2）	131
301	光が丘	179-8799	光が丘2－9－7（※3）	133
302	練馬	176-8799	豊玉北6－4－2（※2）	133
316	練馬東大泉三	178-0063	東大泉3－19－14	143
317	練馬東大泉二	178-0063	東大泉2－15－8	143
318	練馬大泉学園	178-0061	大泉学園町6－11－44	143
319	練馬大泉学園北	178-0061	大泉学園町8－32－2	143

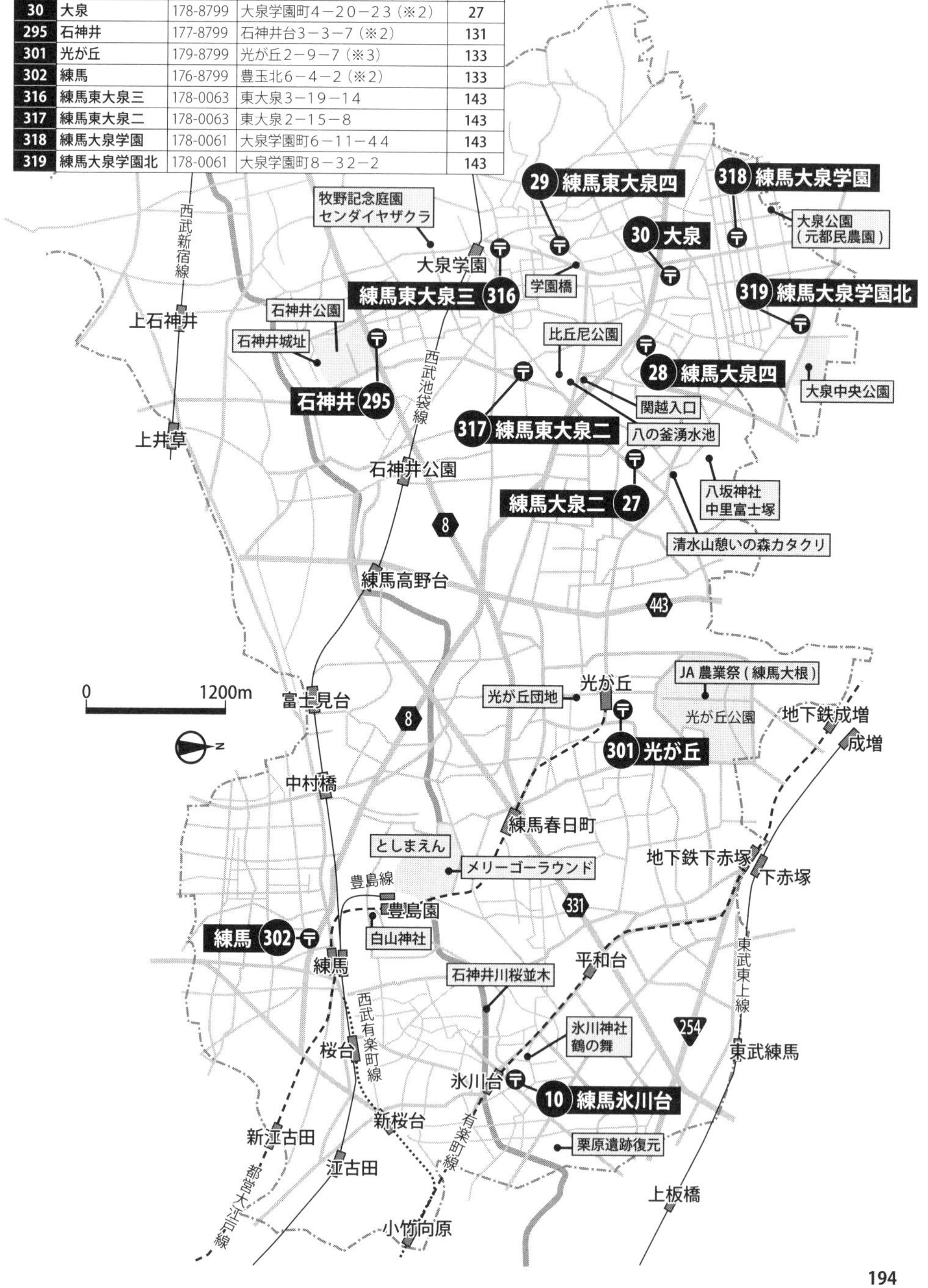

足立区

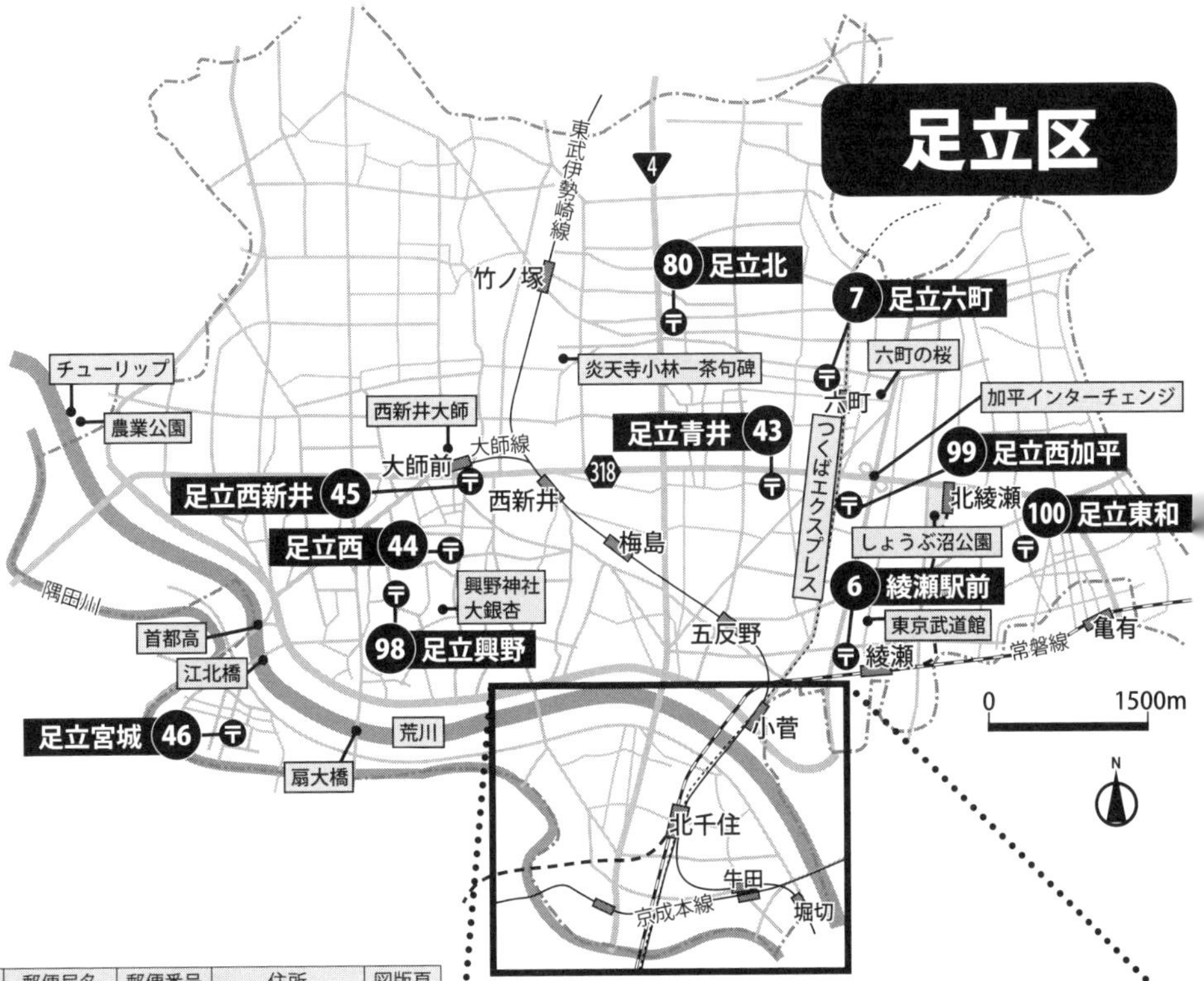

番号	郵便局名	郵便番号	住所	図版頁
6	綾瀬駅前	120-0005	綾瀬4−5−2	19
7	足立六町	121-0073	六町4−2−4	19
43	足立青井	121-0012	青井 6−22−10	33
44	足立西	123-8799	西新井本町 4−4−30（※1）	33
45	足立西新井	123-0841	西新井1−5−2	33
46	足立宮城	120-0047	宮城 1−12−19	33
80	足立北	121-8799	竹の塚 3−9−20（※1）	45
84	足立仲町	120-0036	千住仲町 19−13	47
98	足立興野	123-0844	興野2−31−9	55
99	足立西加平	121-0012	青井4−45−6	55
100	足立東和	120-0003	東和4−8−5	55
101	足立柳原	120-0022	柳原1−9−14	55
102	足立中居	120-0035	千住中居町 17−24	55
103	千住河原	120-0037	千住河原町 23−2	57
104	足立	120-8799	千住曙町 42−4（※2）	57
157	足立大川町	120-0031	千住大川町 20−13	75
209	足立旭町	120-0026	千住旭町 27−13	99
210	北千住	120-0034	千住4−15−7	99
211	千住竜田	120-0042	千住龍田町 20−9	99
212	足立宮元町	120-0043	千住宮元町 19−3	99

番号	郵便局名	郵便番号	住所	図版頁
5	葛飾新宿	125-8799	金町1−8−1（※1）	17
120	葛飾東金町五	125-0041	東金町5−32−3	63
121	葛飾水元	125-0033	東水元3−4−18	63
122	葛飾堀切	124-0006	堀切4−11−2	63
123	葛飾東四つ木	124-0014	東四つ木3−47−5	63
124	葛飾	124-8799	四つ木2−28−1（風景印は局会社のみ配備※2）	63
193	葛飾東金町二	125-0041	東金町2−17−13	89
330	葛飾柴又	125-0052	柴又4−10−7	149

番号	郵便局名	郵便番号	住所	図版頁
77	江戸川	132-8799	松島1−19−24（※2）	45
78	江戸川南葛西六	134-0085	南葛西6−7−4	45
168	小岩	133-8799	南小岩8−1−10（※2）	81
169	東小岩五	133-0052	東小岩5−26−7	81
170	江戸川上篠崎	133-0054	上篠崎3−14−9	81
171	江戸川船堀	134-0091	船堀2−21−9	81
172	江戸川北葛西三	134-0081	北葛西3−1−32	81
194	葛西クリーンタウン内	134-0087	清新町1−3−9	89
195	葛西	134-8799	中葛西1−3−1（※5）	89

コラム20

提案・こんな風景印はいかが？

08（平成20）年、郵便マニアの間ではちょっとした問題が発生しました。「神田祭」の切手が全国発売されることになったのですが、「そういえば神田明神を描いた風景印って存在しないじゃん！　全国区の名所なのに、それでいいの？」というわけです。こんな風に知名度が高いのに風景印になっていない題材はけっこうあって、同じ江戸三大祭のひとつ、「山王祭」の赤坂日枝神社もありません。思いつくままあげると、大井競馬場（品川）、あらかわ遊園（荒川）、高円寺阿波踊り（杉並）、地下鉄博物館（江戸川）、矢切の渡し（葛飾）辺りは絵になりそうですし、新しいところでは秋葉原電気街（千代田）も急速に全国区になった名所です。

文化人関連の風景印も人気が高いです。小泉八雲記念公園（新宿）や竹久夢二美術館（文京）などは各人の知名度が抜群で、風景印ができたら押印依頼が殺到しそう。最近の記念切手がやたら漫画を使いすぎているのは難ですが、手塚プロのトンネル画（新宿）やトキワ荘跡地（豊島）だったら国民的作家ゆかりの地ですから、権利関係さえ許せばぜひ風景印になってほしいものです。

現状で風景印が少ない区に目を向けると、中野区は新井薬師が観光名所ですし、面白いところでは「『たきびのうた』発祥地」、ここは歌詞通り垣根が見事なんです。同じように渋谷区には「『春の小川』発祥地」がありますし、恋文横丁跡などもうまく図案化できれば郵便に使うのによさそう。荒川区では日暮里・舎人ライナーや夕やけだんだんがまだ図案になっていません。大田区の池上梅園も見事ですし、北区では田端文士村記念館や赤紙仁王（病を治したい部位に赤紙を貼る）などは風景印向きです。

私の友人は「いっそ全郵便局に風景印があればいいのに！」と言いますが、少しずつ風景印が増えて、その土地の人たちが地域を見つめ直すきっかけになれば、こんな素晴らしいことはないと思います（このページであげた題材の中には、かつては風景印になっていたけれど、図案改正などで消滅してしまったものも含みます）。

あとがき

というわけで、自分でも1年間で全局まわりきれるか半信半疑だったのですが、いやいや、やってみればできるもんですね〜。風景印に導かれてこの1年間、東京中の風景を隈なく見てまわることができました。38年間東京に住んでいて知らなかったことをたくさん学び、自身の東京観に大きな肉付けができた1年だったと思います。これで自信を持って「東京大好き」と言えそうです。

いきなり悩み告白みたいになりますが、1年半前、私は疲れていたのだと思います。フリーランスなので来る仕事はすべて有難く頂戴し、365日丸々働くような日々が何年も続き、それはそれで充実していたのですが、気づくと「あれ、自分が本当にしたいこと、何もしてないや」と。葉が色づいてきて季節が秋に変わったことに気づけるような、もっと丁寧な生活がしたいのにと、ずっと心の底では願っていました。そして四十路も近いし、今がその時かなと直感が働いたのです。第三者が読むと大げさなことは重々承知ですが、そのくらいの気持ちで生活パターンを変えて、風景印散歩を始めてみたのです。

今読み返してみると、この1年間で私は87日も散歩をしていて（週末に祭りやイベントを見た日を含めると106日）、「一人東京ウォーカー」みたいなことになっていますが、当然その分労働は減っているわけで、東京の街をてくてく歩きながら「こんなことしてていいのかな、俺」と思ったことも正直ありました。

でも。本当に不思議なんですが、いざ風景印散歩に出かけてしまうと、必ず郵便局員さんや地元の人、店や資料館の人、たまたま同席した人などなどから何かしら面白い話や新しい情報が聞けたりして、「ああ、楽しいなあ。やっぱり仕事より散歩、散歩」と不安が消し飛んでしまうのです。そんな私が社会人としてダメ人間なのかはさておき、これだけ楽しかったのだから、きっと人にもすすめられる趣味なのではないかという手応えは、ほのかにしています。どうか本書を読んでくださった方が楽しい時間を過ごせ、「自分も風景印散歩をしてみようかな」と（くれぐれも無理のないペースで）思っていただければ最高に幸せです。

06（平成18）年7月に『風景スタンプ集』の編者で、温厚な性格で大変尊敬していた山本昂さんが亡くなられました。その際に形見分けしていただいた貴重な風景印の一部を本書の図版に使用させていただきました。どうもありがとうございました。

本書の上梓に当たっては、作家の出久根達郎先生から帯に素敵な文章を頂戴致しました。分不相応で恐縮の至りです。ありがとうございました。

膨大な素材をわかりやすくまとめてくださったデザイナーの新田由起子さんと徳永裕美さん、本になる予定などまったくなかったこの企画の面白さを理解し、出版の機会を与えてくださった同文舘出版の古市達彦さん、いつもパワフルに作業してくれた津川雅代さんにも大感謝です。おかげ様で自分が心から楽しんでやったことが形に残せそうです。

それもこれも、各地の郵便局で風景印を押してくださった親切な郵便局員さんたちがいればこそですね。届くかわかりませんが、どうもありがとうございました。そして、様々な物事に出逢わせて、考える機会を与えてくれた風景印にも深く感謝です。この1年間に関しては、何月何日に何をしたか空で言えそうで、私の人生で特別な1年になったと思います。

まだまだ風景印で遊べそうだし、今はこの1年で得たたくさんの素材や知識を、また別の形で料理できそうな、新たな着想も少しずつ膨らんできているところです。

２００９年９月　虫の音が聞こえ始めた初秋の夜に　　古沢　保

著者略歴

古沢　保（ふるさわ　たもつ）

1971年2月26日生まれ、東京都出身。千葉大学文学部卒。会社員、雑誌記者を経て98年よりフリーライターとして活動。ジャンルは問わぬ何でも屋。著名人のインタビュー1000本以上、「ＪＵＮＯＮ」などでＴＶコラムを執筆。これまでに『ヴォイス』『キミ犯人じゃないよね？』『花の生涯―梅蘭芳』ノベライズ、『３年Ｂ組金八先生』『相棒』のガイドブックなど30冊以上の単行本を手がけている。03年に『風景印散歩　東京の街並み再発見』（日本郵趣出版）を刊行後、細々と風景印普及活動を実施。現在は23区に続き、東京都下の風景印をめぐり中。ブログでは皆さんからの風景印関連情報も募集しています！　http://tokyo-fukeiin.at.webry.info/

【参考文献】
『新版風景スタンプ集』山本昴編・友岡正孝監修（日本郵趣出版）
『風景印2008』武田聡編（鳴美）
『郵便局を訪ねて１万局 東へ西へ「郵ちゃん」が行く』佐滝剛弘著（光文社新書）
『企画展図録 伊藤伊兵衛と江戸園芸』（豊島区立郷土資料館）
『葛飾区の昭和史』堀充宏・荻原ちとせ編著（千秋社）

ビジュアル図解
東京「風景印」散歩３６５日
郵便局でめぐる東京の四季と雑学

平成21年10月21日　初版発行

著　者――古沢　保

発行者――中島治久

発行所――同文舘出版株式会社

東京都千代田区神田神保町1-41　〒101-0051
電話　営業03（3294）1801　編集03（3294）1803
振替00100-8-42935
http://www.dobunkan.co.jp/

 ISBN978-4-495-58601-0　C2036

印刷／製本：シナノ　Printed in Japan 2009